U0315492

高职高专"十四五"规划教材

冶金工业出版社

Python 程序设计基础项目化教程

主　编　邱鹏瑞　王　旭
副主编　晋红昆　杨彬楠　何　猛

北　京
冶　金　工　业　出　版　社
2024

内 容 提 要

本书涵盖 Python 语言的主要语法特性，包括变量、数据类型和表达式、控制语句、数据结构、函数、模块、面向对象编程、异常和错误处理等内容。书中内容以项目主题划分，每个项目包含项目描述、项目目标和理论知识，在项目实施过程中再划分成若干个具体任务，读者可以按照任务步骤学习项目设计和编码工作。

本书共分 9 个项目，项目设计由浅入深，项目 1~4 较为容易，使读者可以快速掌握 Python 开发环境和基础语法使用，项目 5~9 为实际产品项目，并包含扩展知识。

本书可作为职业院校计算机相关专业教材，也可供初级、中级学习者阅读和参考。

图书在版编目（CIP）数据

Python 程序设计基础项目化教程/邱鹏瑞，王旭主编. —北京：冶金工业出版社，2021. 11（2024. 1 重印）

高职高专"十四五"规划教材

ISBN 978-7-5024-8953-3

Ⅰ.①P… Ⅱ.①邱… ②王… Ⅲ.①软件工具—程序设计—高等职业教育—教材 Ⅳ.①TP311.561

中国版本图书馆 CIP 数据核字（2021）第 230831 号

Python 程序设计基础项目化教程

出版发行	冶金工业出版社	**电 话**	(010)64027926	
地 址	北京市东城区嵩祝院北巷 39 号	**邮 编**	100009	
网 址	www.mip1953.com	**电子信箱**	service@ mip1953.com	

责任编辑 杜婷婷 美术编辑 彭子赫 版式设计 郑小利
责任校对 梁江凤 责任印制 窦 唯
北京印刷集团有限责任公司印刷
2021 年 11 月第 1 版，2024 年 1 月第 4 次印刷
787mm×1092mm 1/16；10.5 印张；251 千字；156 页

定价 39.00 元

投稿电话 (010)64027932 投稿信箱 tougao@cnmip.com.cn
营销中心电话 (010)64044283
冶金工业出版社天猫旗舰店 yjgycbs.tmall.com
（本书如有印装质量问题，本社营销中心负责退换）

前　言

Python 是一种解释型高级程序设计脚本语言，于 1989 年由吉多·范罗苏姆（Guido van Rossum）创立。相比于其他编程语言，Python 更易学易用，无论是初学者还是专业的开发人员都可以使用 Python 语言开发项目。同时，Python 具有丰富的标准库和第三方库，大量已经编辑好的模块可以直接调用，这也给项目开发带来了极大的便利。

目前 Python 开发生态已经非常成熟，拥有庞大的用户群体和开源社区，在人工智能、系统运维、网络、数据分析等诸多领域都有大量应用。据 TIOBE 统计，Python 在 2007 年、2010 年和 2018 年都被评为年度最佳编程语言。目前在统计的 100 余种编程语言中，Python 列第三名，仅次于 C 语言和 Java 语言。

本书以"项目实战+理论知识"方式编写，精心设计了多个项目，涵盖了 Python 的主要语法特性。本书项目设计遵循由浅入深的思路，更注重编程实践，这与常规介绍 Python 语言的书籍具有明显的区别。书中没有大量纯粹的理论知识介绍，而是将 Python 相关语法融入具体的项目中介绍，使读者完成项目的同时快速掌握 Python 的语法特性，做到学以致用。

本书所有项目的实施都会以具体"任务"形式划分，包含任务的详细操作步骤，并配有效果图片和具体代码，即便零基础的读者也可以顺利完成编程。在每个项目最后的"思考和训练"中布置了扩展任务，引导读者举一反三，旨在使读者更为扎实地掌握 Python 核心技术。

本书由邱鹏瑞、王旭担任主编，晋红昆、杨彬楠、何猛担任副主编。全书由邱鹏瑞统稿。

由于编者水平所限，书中不妥之处，敬请广大读者批评指正。

编　者
2021 年 8 月

目　录

项目 1 第一个 Python 应用程序

1.1 项 目 描 述

在 Windows 系统中安装和配置 Python 开发环境，通过 PyCharm 开发工具创建第一个 Python 应用程序。使用基础语法编写简单程序，实现基本的输入、输出交互功能，并为代码添加适当的注释。

1.2 项 目 目 标

（1）熟悉安装和使用 Python 开发环境。

（2）熟悉 Python 程序运行方式。

（3）掌握在 Windows 系统搭建和管理 Python 虚拟环境。

（4）掌握在 Windows 系统安装 PyCharm 开发工具。

（5）掌握 Python 的语句格式、注释、输入、输出等基础语法。

1.3 理 论 知 识

1.3.1 Python 入门简介

"程序"是一组有序的指令的集合，由专业的开发人员编写，然后交由计算机执行。开发人员在编写程序时，需要使用特定的语法来表示，进而实现人与计算机之间的通信，我们把编写程序时遵循的语法称为计算机语言。

计算机语言种类非常多，可以分为机器语言、汇编语言、高级语言三大类，而且不断有新的语言诞生，发展到现在已经有超过 100 种计算机语言。从开始的机器语言到现在广泛使用的高级语言，可谓百花齐放，而 Python 就属于最出色的高级语言之一。

Python 遵循 GPL（GNU General Public License）协议，是开源免费可移植的，其应用领域十分广泛，包括科学计算、人工智能、大数据、云计算、Web 服务器、网络爬虫、游戏开发、自动化运维等领域都存在着大量的 Python 开发人员。相对其他计算机语言，Python 具有如下优势：

（1）面向对象多。

（2）简单易学易用。

（3）应用领域广。

（4）开源免费。

（5）开发效率高。

（6）可移植性强。

（7）可混合编程。

（8）丰富的标准库和第三方库。

综上所述，可以把 Python 定义为是一种解释型、面向对象、动态数据类型的高级程序设计脚本语言。在 1989 年圣诞节期间，由吉多·范罗苏姆（Guido van Rossum）创立，使用"蟒蛇"作为 Logo，如图 1-1 所示。

图 1-1   Python 的 Logo

1.3.2   Python 程序运行方式

Python 程序可以通过解释器逐行执行，具体的运行方式有三种：

（1）交互解释器模式（REPL）。在命令行终端中输入"Python"即可进入交互解释模式，在该模式下输入 Python 程序后，"回车"即可得到运行结果。

（2）脚本模式。将 Python 程序写到后缀为".py"的脚本文件中，使用"python xx.py"即可运行文件中的程序，这种方式可以方便地重复运行程序。

（3）集成开发环境（IDE）。在集成开发环境中编写 Python 程序，如 PyCharm，其本质和脚本模式相同，但无须手动创建脚本文件，可以在图形化界面中完成 Python 脚本的创建，也无须在命令行输入任何指令，在集成开发环境中即可"一键运行"。

1.3.3   Python 程序的执行过程

计算机只能识别机器码不能识别源代码，因此程序执行前，需要把源代码转换成机器码，按转换过程可以把计算机语言分为解释型语言和编译型语言。

编译型语言：在程序运行之前，通过编译器将源代码转换成机器码，比如 C 语言，这种类型语言运行速度快，但是编译过程需要花费大量时间，开发效率较低，而且编译后的机器码不能跨平台移植。

解释型语言：在程序运行时，通过解释器对程序逐行翻译，翻译为机器码后再执行，比如Javascript。相比编译型语言，解释型语言开发效率更高，省去了编译过程的时间，可以跨平台，但因为程序运行时需要先做翻译，故速度较慢。

Python属于解释型语言，但为了提高运行速度，使用了一种编译的方法。编译之后得到后缀为".pyc"的文件，存储了字节码（特定于Python语言的表现形式，不是机器码），在运行期间使用编译后的字节码可以加快到机器码翻译过程，如图1-2所示。Python源代码在第一次运行时编译出字节码，以后重复运行时会直接使用字节码，所以Python相比一般的解释型语言要有更快的执行速度。

图1-2 Python程序执行过程

1.3.4 Python虚拟环境

Python开发不同项目时，可能会使用到同一包的不同版本，如果直接安装某个包的版本到系统默认目录中，会覆盖原来的版本，导致依赖原来版本包的项目无法正常运行。为了避免上述问题，可以为每个项目单独设置运行环境，即虚拟环境。

1.3.5 Python开发工具

Python项目开发时一般不会在交互解释器模式或脚本模式运行程序，因为一个大型项目需要分成多个模块，以便于项目管理；而每个模块都会对应一个Python脚本文件，如果使用交互解释器模式或脚本模式运行测试将会十分麻烦。为了能够更高效地进行项目开发，通常会使用集成开发环境（IDE）作为Python项目的开发工具。

Python相关开发工具有很多，如VsCode、PyCharm、jupyter notebook IDE等。不同开发工具功能类似，开发人员可以根据个人习惯进行选择，其中PyCharm是一款Python专用开发工具，具备完整的Python软件开发功能，也是最高效的Python开发工具之一，包括调试、项目管理、代码跳转、自动补全、单元测试、版本控制等。此外，PyCharm还能够支持Web开发中的高级框架Django。

1.3.6　Python 的标识符

Python 语言的标识符通常由字母、数字、下划线构成。在 Python3 中，可以用中文作为标识符，也就是非 ASCII 表中标识符也是被允许的，但是中文标识符容易出现编码问题。使用不同的编辑工具时，中文字符编码可能会有所区别，所以在实际项目开发中，不建议使用中文标识符。

自定义或使用标识符时需要注意以下问题：

（1）字母区分大小写，如"a"和"A"是两个不同的标识符。

（2）数字可以包含在标识符中，但不能作为标识符的开头。

（3）"_单下划线开头"：不能直接访问的类属性（受保护）。

（4）"__双下划线开头"：类的私有成员，外部代码不允许访问。

（5）"__双下划线开头和结尾__"：Python 中特殊方法专用的标识。

（6）"单下划线结尾_"：用户自定义标识符名称，用于和系统内置的名称区分开。

1.3.7　Python 的关键字

Python 中内置了一些特殊含义的标识符，称为保留字或关键字，自定义标识符不能使用它们。为了方便开发者了解当前 Python 版本中有哪些保留关键字，标准库中提供了一个 keyword 模块，可以获取当前版本的关键字列表，模块内容如下：

```
>>> import keyword
>>> keyword. kwlist
# 关键字列表
['False','None','True', 'and', 'as', 'assert', 'break','class','continue', 'def', 'del',
'elif', 'else','except','finally','for', 'from', 'global','if','import', 'in', 'is', 'lambda','non-
local', 'not', 'or', 'pass', 'raise', 'return', 'try', 'while', 'with', 'yield']
```

1.3.8　Python 语句

Python 程序中所有代码块的语句必须包含相同的缩进空白数量，每个缩进层次使用制表符或空格，但不能混用。程序通常是一行写完一条语句，但如果一条语句比较长可以使用"\"作为续航符，实现将一行的语句分为多行显示。Python 解释器在翻译时会把包含"\"的多行代码当作一条语句进行处理，例如下面的代码：

```
# 使用续航符,将一条语句拆分成多行
total = 100+200+\
        300+400+\
        500+600
```

如果在括号中"[ ]、{ }、( )"使用多行形式显示一条语句,可以不使用续航符"\",例如下面的代码:

```
weeks = ( 'sun ',
            'mon ', 'tue ', 'wed ', 'thr ', 'fri ',
            'sat ' )
```

Python 字符串中,如果使用三引号方式表示字符串,也可以不使用续航符"\",例如下面的代码:

```
total = " " " one
    two
    three" " "
```

1.3.9 Python 代码注释

在 Python 项目开发中,代码需要添加适当的注释字符串,用于描述代码,方便程序维护。Python 解释器看到注释内容会直接跳过,不进行处理。

(1)单行注释:如果要注释单行可以使用"#"开头,例如下面的代码:

```
# 注释 1
print ( " Hello, Python! " ) # 注释 2
```

(2)多行注释:如果需要注释多行,可以使用多个"#",也可以使用三引号字符串表示注释,例如下面的代码:

```
# 注释 1
# 注释 2
'''
注释 3
注释 4
'''
" " "
注释 5
注释 6
" " "
```

1.3.10 Python 的输入和输出

1.3.10.1 输入 (input)

输入函数 input 可以用于接收用户从控制终端中输入的数据,实现程序运行时和用户交互功能，语法形式如下：

字符串类型结果 ＝　input（"提示信息"）

使用说明：

（1）input（）函数使用回车作为输入结束的标识。

（2）input（）函数可以传入提示性参数，也可以不写提示信息。

（3）input（）接收的输入数据都会被转化成字符串类型。

1.3.10.2　输出（print）

输出函数 print 可以将程序中的数据通过控制终端打印到屏幕显示，常用于代码调式，其语法形式如下：

print（＊args，sep＝'　'，end＝'\n'，file＝sys.stdout，flush＝False）

使用说明：

（1）"args"表示要输出的数据，可以是单个数据，也可以输出多个数据。

（2）"sep"是输出多个数据的分隔符，默认是空格。

（3）"end"是输出所有数据后添加的字符，默认的'\n'表示换行。

（4）"file"是制定一个文件流作为输出目标，默认"stdout"表示标准输出，即当前控制终端。

（5）"flush"为布尔值，表示是否立即刷新缓冲区，默认"False"。

1.3.10.3　输入和输出重定向

input 和 print 函数默认可以实现在控制终端中的输入和输出功能，而如果是希望针对文件或其他 I/O 设备进行输入和输出操作，可以使用 stdin 和 stdout 对象实现输入和输出的重定向操作，默认情况 print 函数实际就是调用 stdout.write（obj+'\n'）的方法实现的。

stdin 对象默认指向标准输入设备（键盘），stdout 对象默认指定标准输出设备（控制终端），通过重定向可以让它们指向文件，实现对文件输入和输出操作。例如下面的代码：

```python
# 输入重定向
with open( "test.txt","r") as zop:
    sys.stdin = zop
    print( sys.stdin.readlines( ) )
# 输出重定向
with open( "readme.txt","w") as fo:
    sys.stdout = fo
    print( "hello world!")
```

1.4　任　　务

1.4.1　任务1：在 Windows 操作系统中安装 Python 开发环境

目前主流桌面操作系统为 Windows，这里选择 Windows 10 版本。Python 主要的版本有 Python2.7 和 Python3.7x，到 2020 年 Python2.7 版本将停止更新，所以选择使用 Python3.7 的版本。

任务目标：掌握在 Windows 10 系统环境中安装和配置 Python3.7 开发环境。

步骤1：在浏览器中输入 Python 官网地址：https：//www.Python.org，下载安装程序，如图1-3所示。

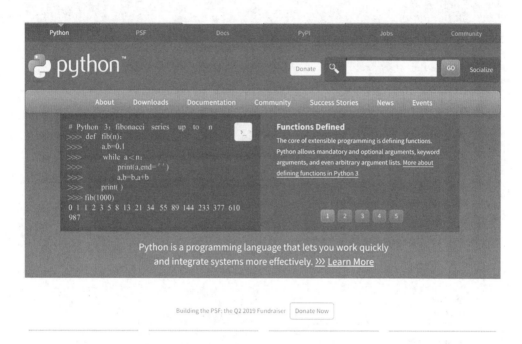

图 1-3　　Python 官网页面

步骤2：在导航栏菜单中，选择"Downloads"按钮，进入下载页面。在下拉菜单中，选择对应的操作系统，选择"Windows"即可，如图1-4所示。

步骤3：进入 Windows 下载页面后，选择对要下载的 Python 版本，然后下载到本地。这里选择下载 64 位版本 Python3.7.x，如图1-5所示。

步骤4：在本地安装 Python 程序，双击安装程序，按提示"下一步"即可。注意：在安装过程中需要记住 Python 的安装目录，后期配置环境变量时需要使用。

步骤5：配置系统环境变量，右键点击"我的电脑"，选择"属性"，接着选择"高级系统设置"，如图1-6所示。

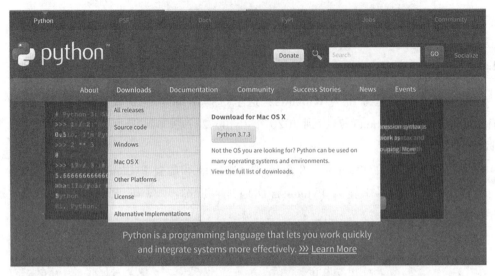

图 1-4 Python 下载页面

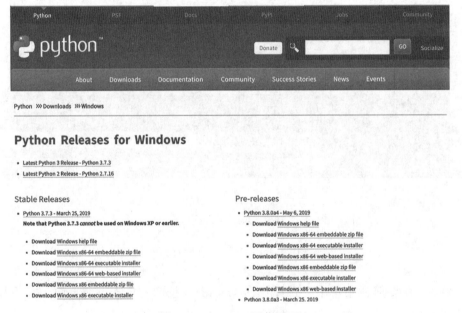

图 1-5 Windows 下载页面

接着选择选"环境变量",然后在"系统变量"中选中"PATH",如图 1-7 所示。

再点击"编辑",最后"编辑文本"。在编辑环境变量栏中,把自己安装的 Python 路径复制进去即可,如图 1-8 所示。

步骤 6:验证系统环境变量是否成功,打开系统终端,在终端中输入"python-V"

图 1-6 我的电脑"属性"

图 1-7 PATH 环境变量

命令，如果成功输出 Python3.7.x 版本，则表示 Python 开发环境成功安装，如图 1-9 所示。

图 1-8　编辑环境变量

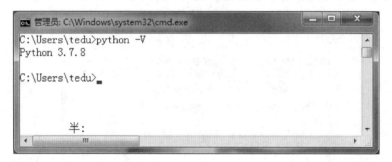

图 1-9　测试 Python 开发环境

1.4.2　任务 2：运行 Python 测试程序

分别在交互解释器模式和脚本模式中编写简单的 Python 程序，如加法运算、打印输出等功能，然后运行查看结果。

任务目标：掌握在交互解释模式和脚本模型中运行 Python 程序的过程。

步骤 1：在交互解释器模式中运行 Python 程序。

首先在系统搜索框中输入 "cmd"，进入命令行窗口，在命令提示符中输入 Python 命令，即可进入交互解释器模式，如图 1-10 所示。

接着在命令提示符 ">>>" 即可输入 Python 程序，"回车" 后便可以得到运行的程序，如图 1-11 所示。

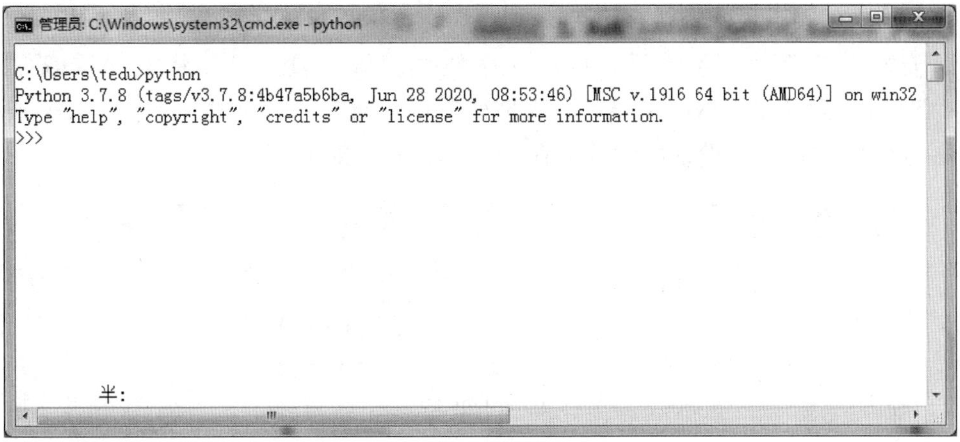

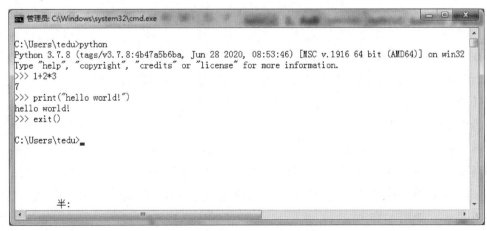

图 1-10 Windows 命令行窗口

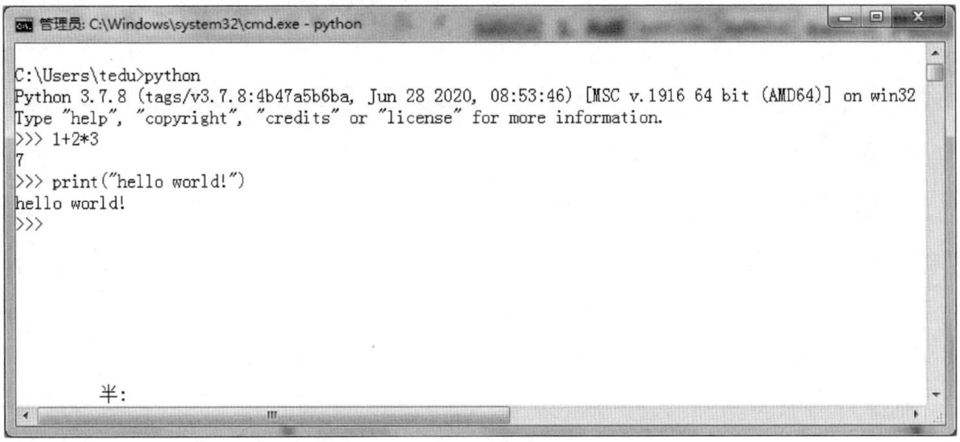

图 1-11 交互解释器模式中运行代码

运行 Python 程序结束后，可以输入"exit( )"退出交互解释器模式，回到系统命令行界面，如图 1-12 所示。

图 1-12 退出交互解释器模式

步骤 2：在脚本模式中运行 Python 程序。

首先编写 Python 脚本文件，可以使用任意编辑工具，只要将文件后缀保存为
".py" 即可。默认 Windows 系统可以先创建 "test.txt" 的记事本文件，写入要执行的
Python 程序后，在属性设置中将其另存为 "test.py" 即可，如图 1-13 所示。

图 1-13　Python 脚本文件

然后在系统命令窗口中，切换到 test.py 所在目录下，输入 "python test.py" 即可
执行。在脚本模式中，"print" 打印的代码可以显示到命令行，运行结果如图 1-14
所示。

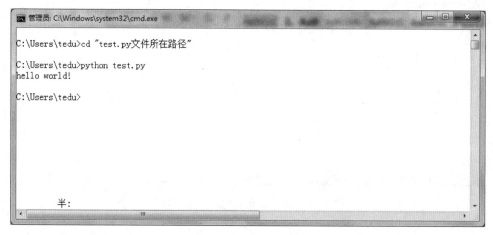

图 1-14　执行 Python 脚本文件

1.4.3　任务 3：Python 的虚拟环境创建

在 Windows 系统中创建 Python 虚拟环境，项目开发中使用虚拟环境可以保护原有
的运行环境不受破坏，并且实现对依赖包的不同版本进行隔离。

任务目标：掌握 Python 虚拟环境的创建和使用。

步骤 1：创建虚拟环境。

通过 "cmd" 进入在命令行窗口，执行 "python -m venv venv" 命令，创建 Python
虚拟环境。其中，第二个 "venv" 就是虚拟环境对应的目录名字，可以修改为任意名
字，该过程需要下载虚拟环境使用的库和依赖包，需要较长时间，创建完成后进入虚
拟环境目录，如图 1-15 所示。

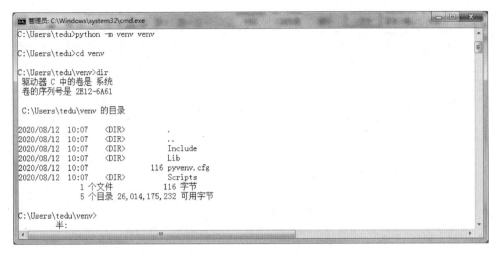

图 1-15 虚拟环境目录结构

步骤 2：激活虚拟环境。

执行虚拟环境目录下脚本文件 "venv \ Scripts \ activate. bat"，激活虚拟环境。激活后会发现，命令行提示符前面多了"(venv)"，表示现在使用的是虚拟环境，而不是系统默认的环境，如图 1-16 所示。

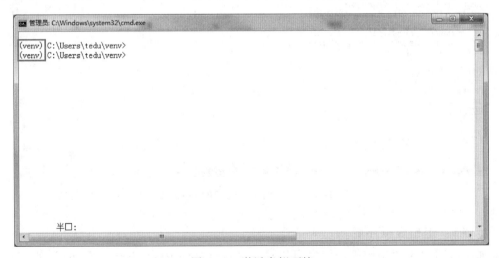

图 1-16 激活虚拟环境

步骤 3：查看虚拟环境的 Python 版本。

在虚拟环境的命令行中，执行 "python -V" 这时看到的就是虚拟环境中的 Python 版本。在虚拟环境默认将会安装 pip 工具，执行 "pip list" 可以看到虚拟环境中已有安装包的版本信息，如图 1-17 所示。

步骤 4：在虚拟环境中升级 pip 工具的版本。

如果在虚拟环境中希望使用 Python 的最新版本包管理工具 pip，可以执行命令

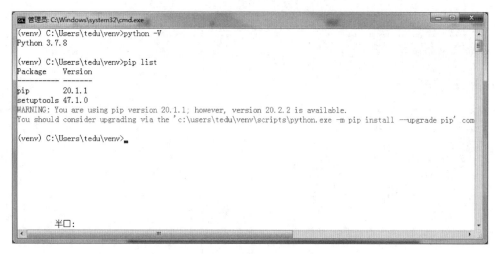

图 1-17   虚拟环境中的版本信息

"python -m pip install --upgrade pip"进行升级，如图 1-18 所示。

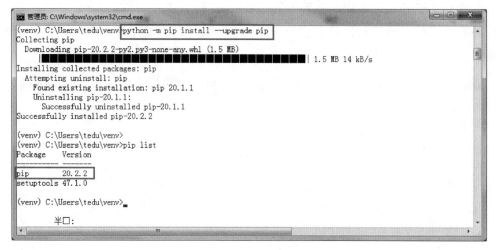

图 1-18   升级虚拟环境中的 pip 版本

步骤 5：退出虚拟环境。

如果不需要再使用虚拟环境，可以执行"venv \ Scripts \ deactivate. bat"退出虚拟环境。退出后可以看到虚拟环境的命令提示符号不再出现，如图 1-19 所示。

1.4.4   任务 4：PyCharm 的开发工具安装和配置

在 Windows 系统中安装配置 PyCharm 作为 Python 的开发工具，并在 PyCharm 开发工具中创建 Python 项目进行测试。

任务目标：掌握 PyCharm 开发工具的使用。

步骤 1：下载并安装 PyCharm 开发工具。

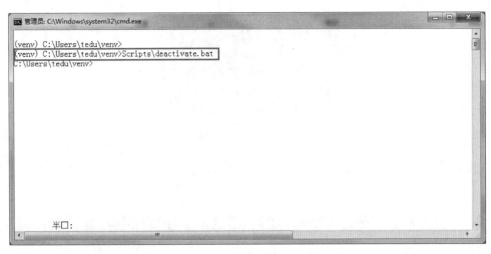

图 1-19　退出虚拟环境

在浏览器输入"https：//www.jetbrains.com/pycharm/download/"进入 PyCharm 开发工具下载页面，选择 Windows 系统和 PyCharm 版本，其中专业版需要购买激活码，社区版可以免费使用，一般学习使用建议使用社区版，如图 1-20 所示。

图 1-20　PyCharm 开发工具下载

下载完成后，双击安装包进行安装，可以按提示选择安装的路径，安装完成后可以在系统桌面上看到 PyCharm 工具启动图标，如图 1-21 所示。

步骤 2：启动 PyCharm，创建 Python 项目。

图 1-21　PyCharm 启动图标

启动 PyCharm 开发环境后，将会进入欢迎界面，点击"Create New Project"创建项目，如图 1-22 所示。

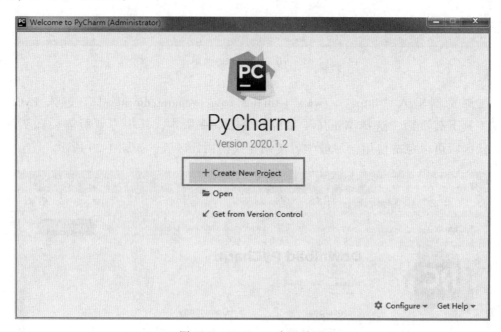

图 1-22　PyCharm 欢迎界面

接着选择项目创建的路径，如图 1-23 所示。

继续单击右下角"Create"按钮完成项目创建，创建时 PyCharm 会自动建立虚拟开发环境。完成后将进入 PyCharm 项目界面，此时已经创建好了一个名为"python_project"的项目，如图 1-24 所示。

步骤 3：创建 Python 文件。

在 Python 项目中，鼠标右键点击项目名字，在右键选择菜单中，选择"New"新建一个 Python 文件，如图 1-25 所示。

步骤 4：编写程序并测试。

在 Python 文件编辑界面，编写打印测试程序，如图 1-26 所示。

接着在菜单栏依次选择"Run"→"Run…"测试运行，正常情况可以在开发工具下面看到运行结果，如图 1-27 所示。

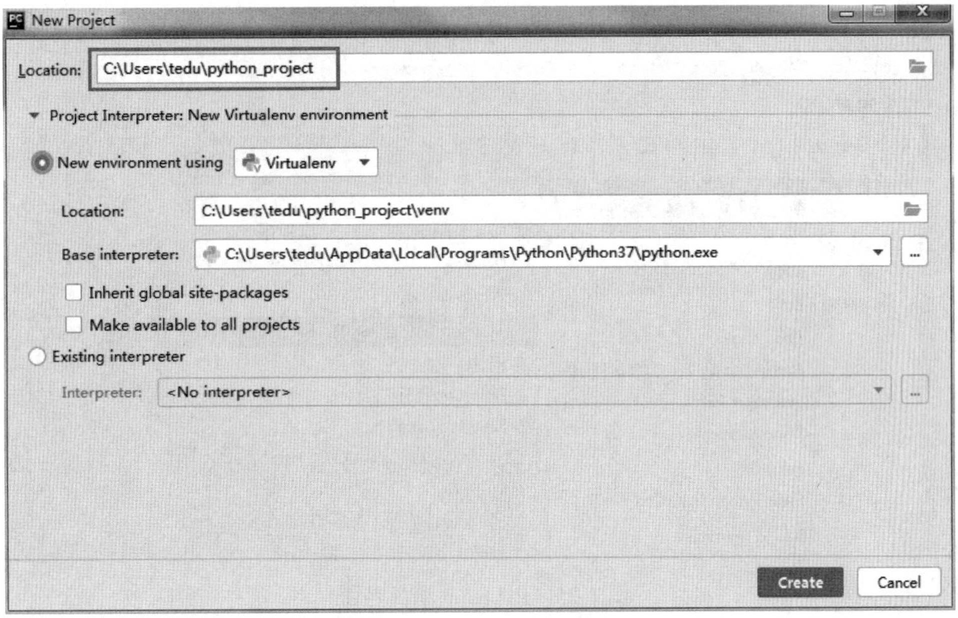

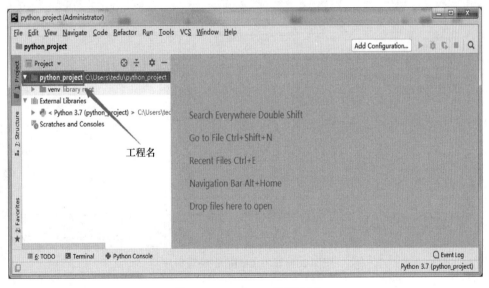

图 1-23 PyCharm 欢迎界面

图 1-24 PyCharm 项目界面

1.4.5 任务 5：第一个 Python 应用程序

在前面中已经完成 PyCharm 工具的安装和配置，本任务是在 PyCharm 环境中编写一个 Python 应用程序，实现打印 Python 的关键字并尝试编写简单的 Python 语句，以及实现输入和输出等操作。

任务目标：掌握 Python 基础语法。

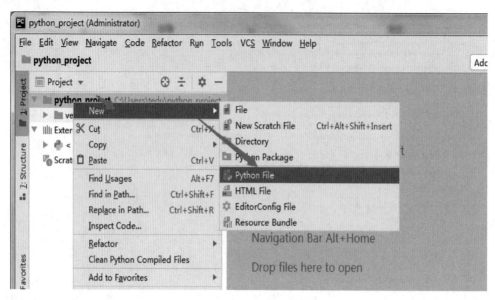

图 1-25　PyCharm 项目界面

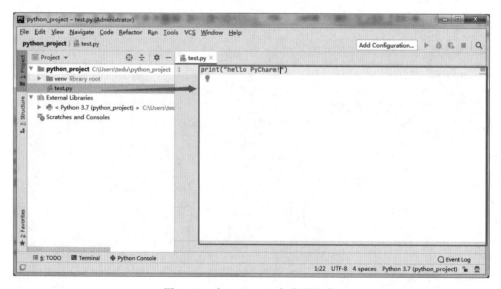

图 1-26　在 PyCharm 中编写程序

步骤 1：打印 Python 关键字。

使用 import 关键字导入关键字模块代码，调用 print 函数，通过"kwlist"可以打印出 Python 保留关键字，代码如下：

```
import keyword
print( keyword. kwlist)
```

运行上述代码,可以看到关键字的打印结果,如图 1-28 所示。每个关键字都有特

图 1-27　在 PyCharm 中运行 Python 程序

殊作用,在后面学习过程中会进行介绍,暂时只需要了解就好;但注意在以后编写 Python 语句,自定义标识符时要避免和关键字相同。

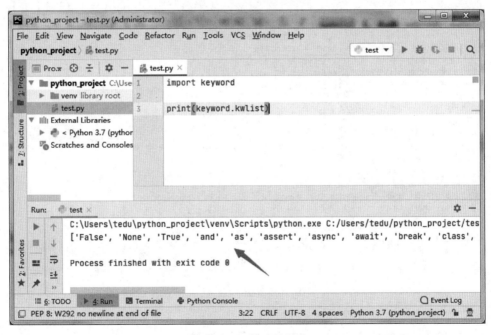

图 1-28　Python 关键字

步骤 2:编写简单 Python 语句。

在 PyCharm 环境中,尝试编写简单的 Python 语句。注意:语句中的变量不能和关键字相同,如果语句过长,在换行时,需要在后面加续航符"\",代码如下:

```
total = 100+200+300+400+500+\
        600+700+800+900+1000
print(total)
```

如果在"( )"中可以直接写多行语句，可以不使用续航符"\"，代码如下：

```
total = (100+200+300+400+500 +
         600+700+800+900+1000)
```

步骤 3：输入和输出语句。

了解 Python 关键字和语句格式后，往下继续编写基本的输入和输出语句，实现简单的交互程序，输入操作可以调用 input 函数，提示用户依次输入姓名、年龄和成绩。输出则使用 print 函数，将输入的数据打印输出。

程序运行后可以在 PyCharm 的下面控制终端中看到提示信息，根据提示可以输入相应数据，然后打印结果，如图 1-29 所示。

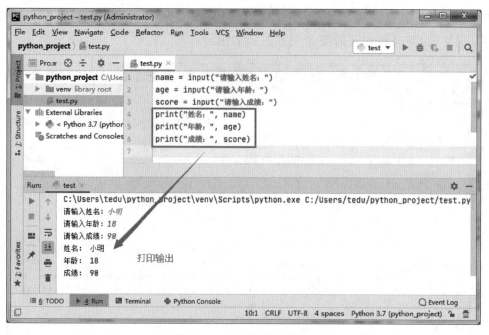

图 1-29　输入和输出语句

1.4.6　任务 6：为第一个 Python 应用程序添加注释

实际项目开发中，为程序添加适当的注释是一个很好的习惯，可以提高代码的可读性，便于项目的后期维护，而注释内容在程序运行时将会被忽略。

任务目标：掌握 Python 程序中添加注释方法。

步骤 1：多行注释。

在第一个应用程序起始位置，使用三引号添加多行注释，代码如下：

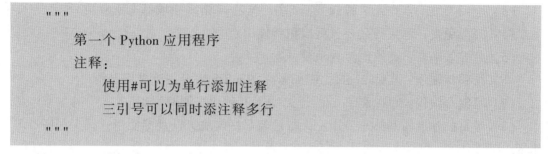

```
"""

    第一个 Python 应用程序
    注释：
        使用#可以为单行添加注释
        三引号可以同时添注释多行

"""
```

步骤 2：单行注释。

在输入和输出语句前面使用单"#"添加单行注释，然后运行测试，测试结果如图 1-30 所示。可以看到注释部分代码默认会用浅灰色字体表示，运行的结果和前面相同，注释的代码是不会被执行的。

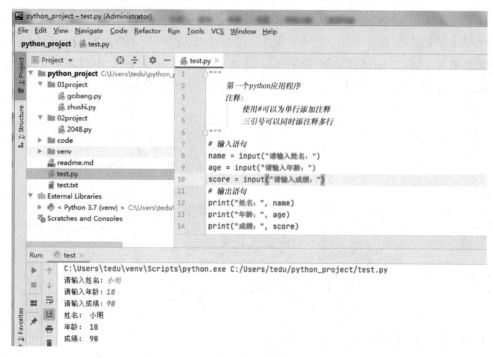

图 1-30 注释

1.5 小结与拓展

1.5.1 Python 语言的特点

计算机编程语言有 100 多种，Python 是众多计算机编程语言中最出色的高级语言之一，主要具有如下特点。

（1）面向对象：支持封装、继承、多态等面向的语法特性。

（2）简单易学易用：语法形式清晰明确，比其他编程语言更容易上手。

（3）应用领域广：在人工智能、云计算、Web 等诸多领域都有所应用。

（4）开源免费：源代码公开，可以免费使用。

（5）开发效率高：高效地实现项目开发。

（6）可移植性强：支持 Linux、Windows、Mac OS X 等主流操作系统。

（7）可混合编程：可以和 Java、C、C++等其他语言同时混编。

（8）丰富的标准库和第三方库：大量已经写好模块可以直接使用，减少程序员工作量。

1.5.2　Python 主要版本

在 Python 官网（www. Python. org）可以了解到 Python 最新版本信息和发展情况，如图 1-31 所示。新的版本会带来更多的语法特性和更丰富的标准库支持，但是也可能会存在少量 BUG。在企业开发中通常会选择状态标记"security"的版本，意味着是安全稳定的版本，比如 3.5、3.6、3.7，而像 2.7 版本已经停止维护，最新的 3.8 版本状态被标记为"bugfix"，可能有 bug 还在修改中。实际开发中建议选择较新的"security"，在保证稳定的同时，官方还会给予较长时间的维护和支持。

Python version	Maintenance status	First released	End of support
3.8	bugfix	2019-10-14	2024-10
3.7	security	2018-06-27	2023-06-27
3.6	security	2016-12-23	2021-12-23
3.5	security	2015-09-13	2020-09-13
2.7	end-of-life	2010-07-03	2020-01-01

图 1-31　在 PyCharm 中运行 Python 程序

1.5.3　Python 程序运行的方式

Python 程序运行的方式有以下几种：

（1）交互解释器模式。在命令行写程序，直接运行。

（2）脚本模式。将程序先写入".py"的脚本文件中，再通过 Python 解释器运行。

（3）集成开发环境。在 VsCode、PyCharm 等集成开发环境中运行。

1.5.4　PyCharm 开发工具的常用快捷键

PyCharm 作为 Python 的专用开发工具，功能强大，但想要高效编写程序，还需要掌握一些常用的快捷键，加快代码的编写。常用的一些快捷键如下：

（1）移动光标到所在行开头：home 键。

（2）移动光标到所在行末尾：end 键。

（3）注释光标所在行代码：ctrl+/。

（4）复制并粘贴一行代码：ctrl+d。

（5）恢复到上一步操作：ctrl+z。

适当掌握一些 PyCharm 开发工具的快捷键，会让程序员的编码工作事半功倍。如果想要了解 PyCharm 所有的快捷键，可以选择菜单"file->Setting"，在设置窗口中通过"Keymap"可以看到所有的快捷键，也可以根据个人习惯设置快捷键，如图 1-32所示。

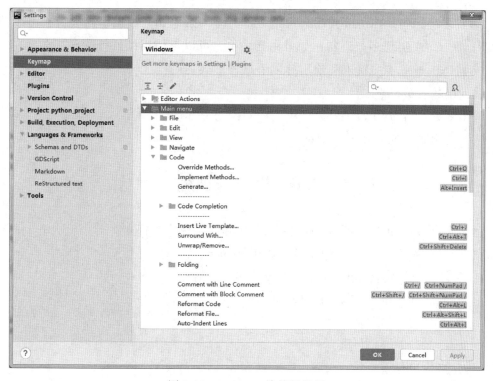

图 1-32　PyCharm 快捷键设置

1.5.5　Python 基础语法

Python 基础语法主要包括：

（1）标识符。第一个字符必须是字母或下划线，由字母下划线和数字组成，不能和 Python 关键字冲突。

（2）关键字。也称为保留字，具有特殊意义，不能使用关键字作为任何标识符，可以使用 Python 标准库的 keyword 模块获取所有的关键字列表。

（3）注释。单行注释使用"#"，多行注释可以用多个"#"号，也可以使用三引号"'或"""。

（4）行与缩进。Python 使用缩进来表示代码块，缩进的空格数是可变的。但是，同一个代码块的语句必须包含相同的缩进空格，例如下面的代码：

```
if True：
    print（"ok"）
    print（"ok"）
else：
    print（"ok"）
print（"error"）        # 缩进不一致,会导致运行错误
```

（5）多行语句。Python 程序通常是一行写完一条语句。如果语句很长，可以使用续航符"\"来实现多行语句；如果在括号中，可以不使用续航符。

（6）Python 基本的输入和输出有以下三种形式。

输入函数：input( )。

输出函数：print( )。

输入输出重定向：stdin，stdout。

1.6　思考与训练

（1）除了 Python 还需要了解哪些计算机语言，有什么特点？

（2）尝试在 Ubuntu 系统中安装和使用 Python。

（3）尝试安装配置 VsCode 集成开发环境。

（4）input 和 print 是 Python 的关键字吗？

项目 2　数据交换策略

2.1　项目描述

数据的交换是最基本也是最常用的算法，本项目使用三种方式实现两个数据交换功能。例如，输入变量为 a＝123 和 b＝321，交换后输出变量则为 a＝321 和 b＝123。

2.2　项目目标

（1）掌握 Python 变量的定义和使用。
（2）掌握 Python 的常用数据类型。
（3）掌握 Python 的运算符和表达式。
（4）掌握内建数值型函数使用。

2.3　理论知识

2.3.1　Python 变量的定义

所谓变量是指存储在内存中的值，可以修改，也称为变化的量。创建变量时会在内存中开辟空间，Python 解释器会根据数据类型分配变量所需空间的大小，并决定什么数据可以被存储在内存中。

Python 中变量可以指定不同的数据类型，这些变量可以存储数字、字符或字符串，使用变量可以记录程序在运行过程中的变化，让程序根据需求处理结果。

变量只能由字母、数字、下划线组成，并要满足以下要求：

（1）数字不能开头。
（2）字母严格区分大小写。
（3）不能使用 Python 保留的关键字。

2.3.2　变量命名规范

项目开发中，变量命名不但要满足上述的语法要求，还应该有统一风格，以提高代码的可读性，以下是编程中常用命名方法：

（1）匈牙利命名法（HN case）。该方法是微软的一个雇员 Charles Simonyi 发明的，通过微软的各种产品和文档资料传播开来。这位雇员是一个匈牙利（Hungarian）人，这也就是此命名方法的名字由来。匈牙利命名法的基本原则是变量名依次由属性、类型、描述组成，例如"hwnd"，其中 h 表示句柄类型，wnd 是变量描述，表示窗口，所以 hwnd 变量表示为窗口句柄。

（2）驼峰命名法（camel case）。驼峰命名法来自 Perl 语言普遍使用的大小写混合格式，后来被 Java 广泛采用，逐渐成为更加通用的命名方法。驼峰命名法的基本规则是变量名是由一个或者多个单词连接在一起，构成唯一的标识符，第一个单词以小写字母开始，后面的单词首字母大写，这样看起来跟驼峰一样此起彼伏，故此得名，例如"studentName"，表示学生姓名，这种命名方式具备很好的可读性。

（3）帕斯卡命名法（Pascal case）。帕斯卡命名法跟驼峰命名法类似，不同之处在于第一个单词首字母为大写。因为跟驼峰命名法的相似，可以称帕斯卡命名法为大驼峰命名法，而上面的以小写字母开始的就称为小驼峰命名法。

（4）蛇形命名法（snake case）。蛇形命名法的变量名由多个单词组成，每个单词之间使用下划线_进行连接，所以也被称为下划线命名法。例如"student _ name"表示学生姓名，这种命名方法可读性很好，而且无须像驼峰命名法经常需要字母大小写切换，编码更加容易，是当前 Python 项目开发中普遍使用的变量命名方式。

2.3.3　变量的赋值

Python 中的变量赋值不需要类型声明，每个变量在使用前都必须赋值，变量赋值以后该变量才会被创建。在程序运行过程中，变量可以赋值不同数据，其类型可以变化，使用"type"可以获取当前的类型信息。

需要注意在 Python 中，变量本身并没有类型，所谓的"类型"是变量赋值后数据对象在内存中的类型，例如下面的代码：

```
var = 100    # var 赋值了整型数据
print(type(var))  # int
var = "hello"  # var 赋值了字符串数据
print(type(var))  # str
```

对变量进行赋值时，可以一条语句完成一个变量的赋值操作，也可以一条语句实现对多个变量赋值，如图 2-1 所示。

2.3.4　Python 的数值类型

Python 数值类型包括以下几类：

（1）整型（int）。没有小数部分的数值（无论是正数还是负数）是整型数据，包括自然数、0 及负数自然数，例如 100、-100、0 等。

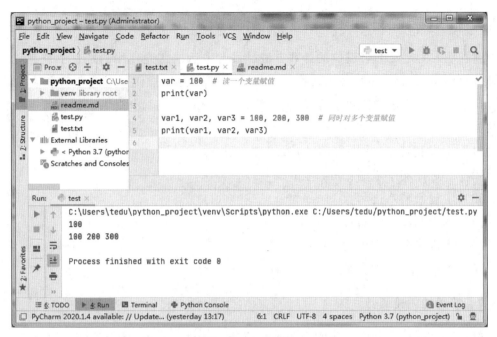

图 2-1　变量赋值

（2）布尔型（bool）。布尔型属于整型的子类，常用来表示真和假两种对立的状态，其值只有 True 和 False，使用 True 表示真（条件满足或成立），而用 False 表示假（条件不满足或不成立），True 本质就是 1，False 本质就是 0。

（3）浮点型（float）。有小数部分的数值是浮点型数据，包括正数、负数和科学计数法，例如 1.23、-3.14、4.56e-2（等同于 0.0456）。

（4）复数型（complex）。复数由实数部分和虚数部分构成，实数部分和虚数部分都是浮点数。注意：复数虚部是以 j 或 J 结尾，不能单独存在，但是可以和一个值为 0.0 的实数部分一起构成一个复数，例如 1.0+05j、1+2J。

2.3.5 类型转换函数

在 Python 项目开发中，不同的数值类型也可以进行转换，并且标准库提供了数值转换函数，具体如下：

（1）int()。将一个字符串或者数字转化为整型数。

（2）float()。将一个数字或者字符串转化为浮点型。

（3）complex()。可以创建值为"real+imagj"的复数，将字符串或数转化为复数，例如 complex('1+2j')、complex(1，2)。

（4）chr()。将编码转换为字符，例如 chr(65) 转换的字符为"A"。

（5）ord()。字符转换编码，例如 ord('A') 转换的编码为 65。

（6）bool()。判断布尔运算结果，成立返回"True"，不成立返回"False"。

2.3.6　进制转换函数

进制是人为定义的带进位的计数方法，日常生活中普遍使用的都是十进制数。但在计算机内部却只能识别二进制数，编程中我们还会经常使用八进制数和十六进制数，这样不同的进制数就可能需要进行转换，Python 标准库中提供了常用的进制转换函数如下：

（1）十进制转二进制：bin(number)。

（2）二进制转十进制：int(s，base = 2)。

（3）十进制转八进制：oct(number)。

（4）八进制转十进制：int(s，base = 8)。

（5）十进制转十六进制：hex(i)。

（6）十六进制转十进制：int(s，base = 16)。

2.3.7　常用的内建函数

在 Python 项目开发中，经常会用到数值计算。对于一些常用的数值计算方法，标准库提供了一些内建函数，可以帮助快速地实现数的计算，具体如下：

（1）绝对值函数：abs( )，例如 abs(-5)，结果为 5。

（2）最大值函数：max( )，例如 max(10，30，70，40，50)，结果为 70。

（3）最小值函数：min( )，例如 max(10，30，70，40，50)，结果为 10。

（4）获取商和余数：divmod( )，例如 divmod(17，5)，结果为(3，2)，即商为 3、余数为 2。

（5）幂乘函数：pow( )，例如 pow(5，3)，结果 125。

（6）四舍五入函数：round( )，例如 round(4.8)，结果为 5。

2.3.8　Python 运算符

Python 的运算符可以分为算术运算符、比较（关系）运算符、赋值运算符、逻辑运算符、位运算符、成员运算符、身份运算符，具体如下：

（1）算术运算符：加（+）、减（-）、乘（*）、除（/）、取余（%）、幂乘（**）、地板除（//）。

（2）比较运算符：大于（>）、大于等于（>=）、小于（<）、小于等于（<=）、等于（= =）、不等于（！=）。

（3）赋值运算符：简单赋值（=）、加法赋值（+=）、减法赋值（-=）、乘法赋值（*=）、除法赋值（/=）、取余赋值（%=）、幂赋值（**=）、取整除赋值（//=）。

（4）逻辑运算符：逻辑与(and)、逻辑或(or)、逻辑非(not)。

（5）位运算符：按位与（&）、按位或（|）、按位异或（^）、按位取反（~）、按位左移（<<）、按位右移（>>）。

（6）成员运算符：判断一个元素是否在某一个序列中，是（in）、否（not in）。

（7）身份运算符：判断实例是否属于某个对象类型，是（is）、否（is not）。

2.3.9　运算符优先级

在同一语句中，如果使用了多个运算符，推荐通过小括号"（）"来区分执行顺序，小括号里面的运算操作会先被计算，否则多个运算操作会按优先级由高到低进行计算，对应优先级如图 2-2 所示。

运算符	描述
**	指数 (最高优先级)
~ + -	按位翻转, 一元加号和减号 (最后两个的方法名为 +@ 和 -@)
* / % //	乘，除，求余数和取整除
+ -	加法减法
>> <<	右移，左移运算符
&	位 'AND'
^ |	位运算符
<= < > >=	比较运算符
== !=	等于运算符
= %= /= //= -= += *= **=	赋值运算符
is is not	身份运算符
in not in	成员运算符
not and or	逻辑运算符

图 2-2　运算符优先级

2.4　任　务

2.4.1　任务 1：数据交换方法一

使用 input 函数从控制台输入两个数据，并保存到变量中，然后进行交换操作，最后使用 print 函数打印交换之后的结果。

任务目标：掌握变量的定义和赋值运算。

步骤 1：在 PyCharm 环境中创建 Python 应用程序，从控制台读入两个数据并保存到变量中，代码如下：

```
data1 = input("请输入第一个变量:")
data2 = input("请输入第二个变量:")
```

步骤 2：定义临时变量，通过三次赋值运算，实现两个变量的交换，代码如下：

```
temp = data1
data1 = data2
data2 = temp
```

步骤 3：打印交换之后的结果如下：

```
print("第一个变量:",data1)
print("第二个变量:",data2)
```

步骤 4：运行程序，程序运行结果如图 2-3 所示。

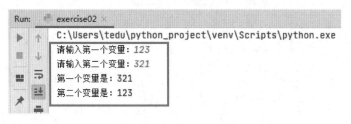

图 2-3　交换两个变量

2.4.2　任务 2：数据交换方法二

数据交换方法一代码中使用第三变量方式实现两个变量的交换功能，这种方式可以适用任何数据类型，但是多定义一个变量势必需要多分配内存空间，所以 v1.0 的实现算法效率较低。为了提高两个变量交换的效率，可以使用二进制位运算方式，位运算是所有运算符中效率最高的，因为计算机底层只能是 1 和 0，其他运算符的功能很多也是要转换为位运算后才能实现的。

任务目标：掌握位运算并使用异或（^）运算符优化 v1.0 代码。

步骤 1：修改数据交换方法一的代码实现。从控制台读入两个数据并保存到变量中，然后使用 int 函数将变量转换为整型数，便于进行位运算，代码如下：

```
data1 = input("请输入第一个变量:")
data2 = input("请输入第一个变量:")


data1 = int(data1)
data2 = int(data2)
```

步骤 2：使用异或运算交换两个变量。异或运算需要将数据转换为二进制数据，对应比特位相同结果为 0、不同结果为 1，代码如下：

```
data1 = data1 ^ data2
data2 = data1 ^ data2
data1 = data1 ^ data2
```

步骤 3：运行测试，结果和 v1.0 完全相同。对于异或（^）运算过程，可以实际代入具体数据区理解，比如 data1 为 5（二进制 101），data2 为 7（二进制 111），具体运算过程如下：

```
data1 = data1 ^ data2    ## 101 ^ 111 = 010（data1 = 2）
data2 = data1 ^ data2    ## 010 ^ 111 = 101（data2 = 5）
data1 = data1 ^ data2    ## 010 ^ 101 = 111（data1 = 7）
```

2.4.3　任务 3：数据交换方法三

对于数据交换方法一中交换两个变量方法虽然容易理解，但是需要多分配一个变量，效率较低；而方法二效率很高，但是可读性不是很好，另外使用异或方式只能实现两个整数的交换，无法实现字符串等其他类型的交换功能。为了弥补方法一和方法二的缺点，在 Python 中可以使用一条语句对多个变量同时赋值，在提高效率的同时还能支持所有数据类型，也无须再定义第三变量。

任务目标：掌握多个变量同时赋值方式，优化交换两个变量的算法。

步骤 1：修改数据交换方法一代码实现。从控制台读入两个数据并保存到变量中，然后使用一条语句对两个变量进行交换赋值，代码如下：

```
data1, data2 = data2, data1
```

步骤 2：运行测试，结果和前两种方法完全相同。但对于 v3.0 代码更加精炼，也很容易理解，并能够支持所有数据类型的交换，比如交换两个字符串，如图 2-4 所示。

图 2-4　交换两个字符串变量

2.5　小结与拓展

2.5.1　变量的定义和赋值

定义变量的标识符只能由字母、数字、下划线组成，还需要注意数字不能开头，字母严格区分大小写，不能使用 Python 保留的关键字。

定义变量必须要赋值，赋值时不需要有类型声明。Python 变量本身并没有类型，所谓的"变量类型"是变量赋值后绑定的对象在内存中的类型。

对变量进行赋值时，可以使用一条语句完成一个变量的赋值操作，也可以使用一条语句实现对多个变量赋值。

2.5.2　Python 的数值类型

Python 数值类型主要包括：

（1）整型（int）：没有小数部分的数值。

（2）浮点型（float）：有小数部分的数值是浮点型数据，包括正数、负数和科学计数法。

（3）布尔型（bool）：用来表示真和假两种对立的状态，其值只有 True 和 False。

（4）复数型（complex）：复数由实数部分和虚数部分构成，复数虚部是以 j 或 J 结尾。

2.5.3　Python 运算符

Python 运算符主要有：

（1）算术运算符：+、-、*、/、%、**、//。

（2）比较运算符：>、>=、<、<=、==、!=。

（3）赋值运算符：=、+=、-=、*=、/=、%=、**=、//=。

（4）逻辑运算符：and、or、not。

（5）位运算符：&、|、^、~、<<、>>。

（6）成员运算符：in、not in。

（7）身份运算符：is、is not。

2.6　思考与训练

（1）对于两个变量算法，尝试实现第四种交换算法？

（2）在控制终端输入一个四位整数，计算每位相加和。例如输入"1234"，计算每位相加"1+2+3+4"，打印结果为 10。

项目 3 数学计算器

3.1 项 目 描 述

实现一个支持双目运算符的数学计算器。双目运算符是指加、减、乘、除等需要两个操作数的运算符，要求在控制终端依次输入左操作数、运算符、右操作数，然后根据输入的运算符完成相应的计算功能，并打印计算结果。例如在控制终端输入："10""+""20"，计算的结果为30。

3.2 项 目 目 标

（1）了解语句和表达式的概念。
（2）了解控制语句作用和分类。
（3）掌握 if 分支语句的语法规则。
（4）掌握分支嵌套语句的使用。
（5）掌握 Python 字符串的使用。

3.3 理 论 知 识

3.3.1 Python 语句和表达式

在 Python 程序设计中，语句是执行单元，通常以行为单位。而表达式是指可用于计算的式子，计算结果可以是具体的数值，例如"print(10+10)"为打印输出函数的调用语句，其中 10+10 为加法运算表达式。

Python 语句可以包含有表达式，每条语句可以包含一个表达式，也可以由多个表达式组合形成一条语句。

在结构化程序设计中，由控制语句实现对程序流程的控制，按特性可以将控制语句分为顺序语句、分支语句和循环语句。

3.3.1.1 顺序语句

按语句和先后顺序依次执行，如图 3-1 所示。

图 3-1　顺序语句

3.3.1.2　分支语句

分支语句也被称为选择语句，又可以细分为单分支语句、双分支语句和多分支语句。在 Python 程序中的单分支语句用 if 实现，双分支语句用 if-else 实现，多分支语句用 if-elif-else 实现，分支语句执行会根据条件选择执行分支，条件成立执行分支一语句，不成立则执行分支二语句，如图 3-2 所示。

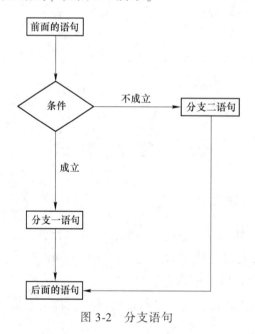

图 3-2　分支语句

3.3.1.3　循环语句

循环语句是指在满足一定条件下重复执行一段代码，在 Python 程序中主要包含 while 循环和 for 循环。当循环条件成立时会重复执行循环体代码，不成立时则跳出循环体继续执行后面的语句，循环语句执行流程如图 3-3 所示。

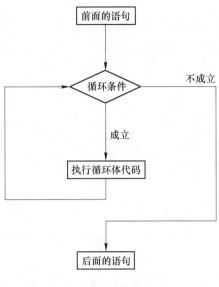

图 3-3 循环语句

3.3.2 单分支语句

单分支 if 语句, 可以根据条件选择执行某些语句。如果条件成立则执行代码块的语句, 否则不执行, 语法格式如下:

if 条件:

　　代码块

```
# 示例:判断两个数的大小,打印输出较大的一个数字
a=int(input('请输入第一个数字:'))
b=int(input('请输入第二个数字:'))
if a > b:
    print('比较大的一个数字是:',a)
if a < b:
    print('比较大的一个数字是:',b)
```

3.3.3 双分支语句

双分支 if-else 语句, 在满足条件情况下执行 if 分支的代码块语句, 否则执行 else 分支的代码块语句, 语法格式如下:

if 条件:

　　代码块 1

else:

代码块 2

```
# 示例:输入考试成绩,输出是否考试通过
score = int( input( '请输入考试成绩:' ) )
if score > = 60:
    print( '考试通过' )
else:
    print( '考试不通过' )
    print( '请继续努力!' )
```

3.3.4　多分支语句

多分支 if-elif-else 语句,其中 elif 条件分支可以出现一次或多次,else 分支可以出现 0 次或一次。

程序运行时,先判断 if 条件是否满足,如果满足则执行 if 分支的代码块语句,不满足则继续顺次判断所有 elif 的条件是否满足,elif 分支在不满足 if 条件、但是满足此分支条件的情况下执行;如果所有 elif 分支的条件也都不满足,最终将会执行 else 分支的代码块语句,其语法格式如下:

```
if 条件 1:
    代码块 1
elif 条件 2:
    代码块 2
elif 条件 3:
    代码块 3
...
else:
    代码块 n
```

```
# 示例:输入请假天数,选择审批领导
day = int( input( '请输入请假的天数:' ) )
if day < = 1:
    print( '找经理请假' )
elif 1 < day < = 3:
    print( '找总监请假' )
elif 3 < day < = 10:
    print( '找老板请假' )
else:
    print( '直接回家了' )
```

3.3.5　分支嵌套

if 分支语句可以嵌套使用,以解决更加复杂的问题。比如,判断三个数大小,可以先比较两个数大小,再和第三个数进行比较。

```
# 示例:输入三个不同的整型数,找出最大者
number1 = int( input( "请输入第一个数:" ) )
number2 = int( input( "请输入第二个数:" ) )
number3 = int( input( "请输入第三个数:" ) )
if number1 > number2:
    if number1 > number3:
        print( "最大的数为:", number1 )
    else:
        print( "最大的数为:", number3 )
else:
    if number2 > number3:
        print( "最大的数为:", number2 )
    else:
        print( "最大的数为:", number3 )
```

3.3.6　Python 的字符串

字符串是 Python 中最常用的数据类型,本质是由一串字符序列构成的不可变对象,通常可以使用一对引号（ ' 或 " ）来表示字符串。如果希望字符串包含换行、制表符等特殊字符时,也可以使用一对三引号（ ''' 或 """ ）表示字符串。

通常使用不同的引号表示的字符串没有太大区别,只不过单引号表示的字符串内可以包含双引号,双引号表示的字符串内可以包含单引号。所以如果希望在字符串包含单引号字符就应该使用双引号表示字符串,反之亦然。而如果希望字符串中同时包含单引号字符和双引号字符,则可以使用三引号来表示字符串。

3.3.6.1　字符串访问

字符串内的字符可以通过 " [索引] " 来访问,其中的索引也可以称为下标。需要注意每个字符串的第一个字符索引为 0,第二个字符索引为 1,以此类推,最后一个字符索引为字符串长度减 1,例如下面的代码:

```
str_test = " hello"
print( str_test[ 0 ] )    # 'h'
print( str_test[ 4 ] )    # 'o'
```

3.3.6.2　字符串切片

字符串切片可以访问字符串的一部分，语法格式为"str［起始索引：结束索引：步长］"。具体地，访问从起始到结束的一部分，其中包含起始索引的字符，但不包含结束索引的字符，步长是切片每次获取当前字符后移动的偏移量，例如下面的代码：

```
strtest = "hello"
print(strtest[1:4])      # 'ell'
print(strtest[:4])       # 'hell'
print(strtest[1:])       # 'elk'
print(strtest[0:5:2])    # 'hlo'
```

3.3.6.3　加法运算

加号（+）运算符用于拼接字符串，加等（+=）运算符用原字符串与右侧字符串拼接生成新的字符串，例如下面的代码：

```
name = 'xiao'+'ming'   # xiaoming
name1 = name+name    # xiaomingxiaoming
```

3.3.6.4　乘法运算

乘号（*）可以生成重复的字符串，乘等（*=）可以生成重复的字符串并让原变量绑定生成后的字符串，例如下面的代码：

```
s = 'Hello'
s * 3        # HelloHelloHello
s *= 5       # HelloHelloHelloHelloHello
```

3.3.6.5　成员运算

成员运算符 in 和 not in，可以判断字符串中是否包含给定的字符，如果成立返回"True"，不成立返回"False"，例如下面的代码：

```
str_test = "hello"
print('h'in str_test)    # True
print('H'in str_test)    # False


print('e'not in str_test)    # False
print('E'not in str_test)    # True
```

3.3.6.6　比较运算

字符串支持所有比较运算符，可以比较两个字符串大小或比较两个字符串是否相等。注意：字符串比较运算不是比较长度，而是比较首个字符的编码值，如果首字符相同再继续比较下一个字符，例如下面的代码：

```
print('AB'> 'ABC')      # False
print('AB'== 'ABC')     # False
print('AB'!= 'ABC')     # True
print('AB'<= 'ABC')     # True
print('ab'> 'ABC')      # True,'a'编码大于'A'的字符编码
```

3.3.7　字符编码

最早只有 127 个字符被编码到计算机里，对应 ASCII 编码表，其中只包含大小写英文字母、数字和一些简单符号，见表 3-1。

可以看到只有一个字节的 ASCII 编码表没有中文字符，而处理中文一个字节也是不够的，至少需要两个字节，而且还不能和 ASCII 编码冲突。为此，中国制定了GB2312 编码标准，可以实现对简体中文字符的编码。和中国类似，全世界有上百种语言，不同国家不同语言就会有不同的编码标准，难以避免地出现编码冲突，在多语言混合的字符串中，显示出来可能会有乱码。

为了避免乱码问题 Unicode 编码应运而生，它把所有语言都统一到一套编码里，这样就不会再有乱码问。Unicode 编码标准也在不断发展，但最常用的是用两个字节表示一个字符。但是在编程开发时代码中的字符大多数都是英文，用 Unicode 编码比ASCII 编码需要多一倍的存储空间。为了节省空间，又出现了可以把 Unicode 转化为可变长编码的 UTF-8 编码，常用的英文字母被编码成 1 个字节，而汉字通常是 3 个字节。

在 Python2 中，英文字符串是以 8 位 ASCII 码进行存储的；而 Unicode 字符串则存储为 16 位 Unicode 字符串，这样能够表示更多的字符集，使用的语法是在字符串前面加上前缀 u。但在 Python3 中，统一了字符串编码，所有的字符串都是使用 Unicode编码。

在 Python 标准库中，可以使用 ord( ) 和 chr( ) 函数实现字符和编码数字的转换功能，例如：

```
print(ord('A'))         # 将字符 A 转换为数字编码:65
print(ord('张'))        # 将汉子'张'转换为数字编码:24352
print(chr(65))          # 把编码数字 65 转换为字符:A
print(chr(24352))       # 把编码 24352 数字转换为字符:张
```

表3-1 ASCII 字符代码表

低四位＼高四位	十进制	字符	ctrl	代码	字符解释	十进制	字符	ctrl	代码	字符解释	十进制	字符	十进制	字符	十进制	字符	十进制	字符	十进制	字符	十进制	字符
		ASCII 非打印控制字符									ASCII 打印字符											
		0000 / 0				0001 / 1					0010 / 2		0011 / 3		0100 / 4		0101 / 5		0110 / 6		0111 / 7	
0000	0	BLANK NULL	^@	NUL	空	16	▲	^P	DLE	数据链路转意	32		48	0	64	@	80	P	96	`	112	p
0001	1	☺	^A	SOH	头标开始	17	▼	^Q	DC1	设备控制1	33	!	49	1	65	A	81	Q	97	a	113	q
0010	2	☻	^B	STX	正文开始	18	↕	^R	DC2	设备控制2	34	"	50	2	68	B	82	R	98	b	114	r
0011	3	♥	^C	ETX	正文结束	19	‼	^S	DC3	设备控制3	35	#	51	3	67	C	83	S	99	c	115	s
0100	4	♦	^D	EOT	传输结束	20	¶	^T	DC4	设备控制4	36	$	52	4	68	D	84	T	100	d	116	t
0101	5	♣	^E	ENQ	查询	21	§	^U	NAK	反确认	37	%	53	5	69	E	85	U	101	e	117	u
0110	6	♠	^F	ACK	确认	22	▬	^V	SYN	同步空闲	38	&	54	6	70	F	86	V	102	f	118	v
0111	7	●	^G	BEL	震铃	23	↨	^W	ETB	传输块结束	39	'	55	7	71	G	87	W	103	g	119	w
1000	8	◘	^H	BS	退格	24	↑	^X	CAN	取消	40	(	56	8	72	H	88	X	104	h	120	x
1001	9	○	^I	TAB	水平制表符	25	↓	^Y	EM	媒体结束	41	)	57	9	73	I	89	Y	105	i	121	y
1010	10	◙	^J	LF	执行/新行	26	→	^Z	SUB	替换	42	*	58	:	74	J	90	Z	106	j	122	z
1011	11	♂	^K	VT	竖直制表符	27	←	^[	ESC	转意	43	+	59	;	75	K	91	[	107	k	123	{
1100	12	♀	^L	FF	换页/新页	28	∟	^\	FS	文件分隔符	44	,	60	<	76	L	92	\	108	l	124	|
1101	13	♪	^M	CR	回车	29	↔	^]	GS	组分隔符	45	-	61	=	77	M	93	]	109	m	125	}
1110	14	♫	^N	SO	移出	30	◄	^6	RS	记录分隔符	46	.	62	>	78	N	94	^	110	n	126	~
1111	15	☼	^O	SI	移入	31	►	^-	US	单元分隔符	47	/	63	?	79	O	95	_	111	o	127	△ (^Back space)

注：表中的ASCII字符可以用：ALT＋"小键盘上的数字键"输入。

3.3.8 转义字符

Python 字符串中，使用反斜线（"\"）可以实现转义的功能。比如，\n可以表示换行符，通过转义字符可以在字符串中包含一些特殊字符，常用的转义字符见表3-2。

表 3-2 ASCII 转义字符表

转义字符	描 述
\（在行尾时）	续行符
\\	反斜杠符号
\'	单引号
\"	双引号
\a	响铃
\b	退格（Backspace）
\000	空
\n	换行
\v	纵向制表符
\t	横向制表符
\r	回车
\f	换页
\oyy	八进制数，yy 代表的字符，例如：\o12 代表换行，其中 o 是字母，不是数字 0
\xyy	十六进制数，yy 代表的字符，例如：\x0a 代表换行
\other	其他的字符以普通格式输出

如果不希望使用转义字符，可以在字符串前面加 "r" 标记为原始字符串，原始字符不会把反斜线当作特殊字符，这样字符串中所有字符都是直接按照字面的意思来使用。比如 Windows 系统中表示路径时，可能需要很多的反斜线，使用原始字符串就要更加方便，代码如下：

```
print( 'C:\\tedu\\dir\\test')    # C:\tedu\dir\test
print( r 'C:\tedu\dir\test')     # 使用原始字符串和上面等价
```

3.3.9 格式化字符串

3.3.9.1 使用 "%" 格式化字符串

Python 中可以使用 "%" 占位符格式化字符串，使用 "%" 格式化字符串时也可以指定对齐方式、宽度、精度等，其完整语法格式为：

% ［（name）］［flags］［width］［. precision］typecode

（1） name：可选，用于选择指定的变量名。

（2） flags：符号位，"+" 右对齐、"-" 左对齐、"空格" 正数加空格，负数加负号。

（3） width：占有字符的宽度。

（4） precision：小数点保留位数。

（5） typecode：必选，格式化符号，见表 3-3。

表 3-3　　"%" 格式化符号

格式符	对应格式
%s	字符串（采用 str( ) 的显示）
%r	字符串（采用 repr( ) 的显示）
%c	单个字符
%b	二进制整数
%d	十进制整数
%o	八进制整数
%x	十六进制整数
%e	指数（基底写为 e）
%E	指数（基底写为 E）
%f	浮点数
%F	浮点数，与上相同
%g	指数（e）或浮点数（根据显示长度）
%G	指数（E）或浮点数（根据显示长度）

3.3.9.2　使用 format 函数格式化字符串

与 "%" 格式化字符串功能类似，Python 中也可以使用 format 函数格式化字符串，其完整语法格式为：

｛:［［fill］align］［sign］［#］［0］［width］［,］［. precision］［type］｝. format( )

（1） fill：可选，空白处填充的字符（配合对齐及宽度一起使用才有效）。

（2） width：可选，宽度。

（3） align：可选，对齐方式，"<" 左对齐、">" 右对齐、"^" 居中。

（4） sign：可选，要看有无符号位，"+" 正号加正、负号加负、"-" 正号不变、负号加负、"空格" 正数加空格、负数加负号。

（5） #：可选，进制显示方式。

（6），：数字分隔符。

（7）precision：小数点保留位数（精度）。

（8）type：格式化符号。

3.3.10　字符串的常用函数

3.3.10.1　大小写转换

（1）upper（）：全部大写。

（2）lower（）：全部小写。

（3）title（）：每个单词的首字母大写。

（4）capitalize（）：首字母大写。

（5）swapcase（）：交换大小写字母。

```
# 大小写转换函数使用示例
name = 'My name is Xiaoming. '
print( name. capitalize( ) )      # My name is xiaoming.
print( name. title( ) )           # My Name Is Xiaoming.
print( name. upper( ) )           # MY NAME IS XIAOMING.
print( name. lower( ) )           # my name is xiaoming.
print( name. swapcase( ) )        # mY NAME IS xIAOMING.
```

3.3.10.2　格式化位置

（1）center（）：指定长度并居中。

（2）zfill（）：指定长度并补零。

（3）ljust（）：左对齐。

（4）rjust（）：右对齐。

```
# 格式化位置函数使用示意
name = 'xiaoming'
print( name. center( 12 , ' * ' ) )     # * * xiaoming * *
print( name. ljust( 12 , '#') )         # xiaoming####
print( name. rjust( 12 , '? ' ) )       # ????xiaoming
print( name. zfill( 12 ) )              # 0000xiaoming
```

3.3.10.3　统计和查找

（1）count（）：指定字符出现的次数。

（2）find（）：返回查找字符串第一次出现的位置，如果没有匹配项则返回-1。

（3）rfind（ ）：返回查找字符串最后一次出现的位置，如果没有匹配项则返回−1。

（4）index（ ）：返回查找字符串第一次出现的位置。

（5）rindex（ ）：返回查找字符串最后一次出现的位置

（6）min（ ）：查找最小字符。

（7）endswith（ ）：判断是否以指定字符结尾。

（8）max（ ）：查找最大字符。

（9）startswith（ ）：判断是否以指定字符开始。

（10）split（ ）：拆分。

（11）splitlines（ ）：按行拆分。

```python
# 统计和查找函数使用示例
name1 = 'xiaoming'
name2 = 'leguan'

course1 = 'Python Primary'
course2 = 'Python Advanced'

name1Course1 = 'xiaoming Python Primary'
name2Course2 = 'leguan \nPython \nAdvanced'

# count( )
print(name1.count('i'))    # 2
print(name1.count('z'))    # 0

# find( )
print(name2.find('l'))     # 0
print(name2.find('z'))     # -1

# rfind( )
print(course1.rfind('P')) # 7
print(course1.rfind('Z')) # -1

# index( )
print(course1.index('P')) # 0
# print(course1.index('Z')) # Error
```

```
# rindex( )
print( course1. rindex( 'P' ) )    # 7
# print( course1. rindex( 'Z' ) )    # Error

# endswith( )
print( course2. endswith( 'd' ) ) # True
print( course2. endswith( 'z' ) ) # False

# startswith( )
print( course2. startswith( 'P' ) )    # True
print( course2. startswith( 'K' ) )    # False

# split( )
print( name1Course1. split( '' ) )    # [ 'xiaoming', 'Python', 'Primary' ]
print( name1Course1. split( '' , 1 ) )    # [ 'xiaoming', 'Python Primary' ]

# splitlines( )
print( name2Course2. splitlines( True ) )    # [ 'xiaoming \n', 'Python \n', 'Advanced' ]
print( name2Course2. splitlines( False ) )    # [ 'xiaoming', 'Python', 'Advanced' ]
```

3.3.10.4 替换

(1) expandtabs( ):替换制表符。

(2) join( ):拼接序列。

(3) strip( ):截取两端指定字符。

(4) lstrip( ):截取左侧指定字符。

(5) rstrip( ):截取右侧指定字符。

(6) replace( ):替换指定字符。

(7) partition( ):正向查找替换。

(8) rpartition( ):逆向查找替换。

(9) translate( ):按翻译表翻译。

(10) maketrans( ):设置翻译表。

```
# 替换函数使用示意
name1 = 'xiao\tming'
print( name1. expandtabs( ) ) # xiao    ming
```

```
# join( )
name2 = 'leguan'
print( '!'. join( name2) )        # l!e!g!u!a!n


# strip( ) partition( )
course1 = 'Python Primary'
print( course1. strip( 'P') )        # ython Primary
print( course1. partition( 'Pri') ) # ( 'Python ', 'Pri', 'mary')


# replace( )
course2 = 'Python Advanced'
print( course2. replace( 'P', 'K') ) # Kython Advanced


# maketrans( ) translate( )
course3 = 'long long ago ,zen_of_Python'
table = str. maketrans( 'lzo', 'LZO')
print( course3. translate( table) ) # LOng LOng agO,Zen_Of_Python
```

3.3.10.5　编解码和判断

（1）decode( )：解码。

（2）encode( )：编码。

（3）isalnum( )：是否只有字母数字构成。

（4）isalpha( )：是否只有字母构成。

（5）isdecimal( )：是否十进制数字。

（6）isdigit( )：判断是否是数字，包含次方位数字。

（7）islower( )：判断是否全部小写。

（8）isupper( )：判断是否全部大写。

（9）isnumeric( )：判断是否是数字。

（10）isspace( )：判断是否有空格。

（11）istitle( )：判断是否每个单词首字母大写。

（12）isidentifier( )：判断是否是有效的标识符。

```
# 编解码函数使用示例
name = u'小铭'
print( name. encode( 'utf-8') )    # b'\xe5\xb0\x8f\xe9\x93\xad'
str = name. encode( 'utf-8')
```

```
print(str.decode('utf-8'))        # 小铭

# 判断函数使用示例
name = 'xiaoming'
print(name.isalnum())             # True
print(name.isalpha())             # True
print(name.isdecimal())           # False
print(name.isdigit())             # False
print(name.isnumeric())           # False
print(name.isidentifier())        # True
print(name.islower())             # True
print(name.isprintable())         # True
print(name.isspace())             # False
print(name.istitle())             # False
print(name.isupper())             # False
```

3.4 任 务

3.4.1 任务1：数学计算器 v1.0

在控制终端输入左操作数、运算符、右操作数，然后根据输入的运算符完成左右操作数的计算功能。

任务目标：掌握 if 分支语句的基本语法。

步骤1：在 PyCharm 环境中创建 Python 程序（calculator.py）。从控制终端依次输入左操作数、运算符和右操作数并保存到变量中，注意从控制终端获取的操作数默认为字符串类型，需要将其转换为浮点数类型，代码如下：

```
number_one = float(input("请输入第一个数字:"))

operator = input("请输入运算符:")

number_two = float(input("请输入第二个数字:"))
```

步骤2：使用 if 单分支语句对运算符进行判断，根据运算符实现相应的计算操作并打印结果代码如下：

```
if operator = = " + ":
    print( number_one+number_two)
if operator = = " - ":
    print( number_one - number_two)
if operator = = " * ":
    print( number_one * number_two)
if operator = = " / ":
    print( number_one / number_two)
```

步骤 3：在 PyCharm 环境中运行测试，测试结果如图 3-4 所示。

请输入第一个数字：100
请输入运算符：+
请输入第二个数字：200
300.0

请输入第一个数字：100
请输入运算符：@
请输入第二个数字：200
运算符输入有误

图 3-4　数学计算器

3.4.2　任务 2：数学计算器 v2.0

使用多分支语句优化数学计算器 v1.0，在 v1.0 中使用多个 if 单分支语句虽然可以完成计算器功能，但根据程序执行流程，每次计算时，所有 if 分支都需要判断一次，而实际只可能有一个分支条件满足。如果每次都全部判断，代码效率低下；而如果使用多分支语句，一旦前面条件判断满足，后面的分支语句无须再进行多余的判断，这样可以提高代码的执行效率。

任务目标：掌握 if-elif 多分支语句的使用。

步骤 1：在计算器 v1.0 基础上，对代码进行修改，使用 if-elif 多分支语句对运算符进行判断；如果前面判断成立，后面判断不会再继续执行，代码如下：

```
if operator = = " + ":
    print( number_one+number_two)
elif operator = = " - ":
    print( number_one - number_two)
elif operator = = " * ":
    print( number_one * number_two)
elif operator = = " / ":
    print( number_one / number_two)
```

步骤 2：重新运行测试，结果和 v1.0 完全相同。

3.4.3　任务 3：数学计算器 v3.0

扩展和优化数学计算器程序，在前面任务中已经实现基本的计算器功能，但是没有对用户输入非法数据进行判断。比如输入的操作数不是数字，或者输入了非法运算符，程序将会异常结束，所以需要在计算之前对用户输入的数据进行错误判断，确认输入的是正确数据再执行计算操作。

另外，作为数学计算器除了支持加、减、乘、除基本的运算符，还可以添加支持其他双目运算符，如比较运算符等。

任务目标：掌握 if-elif-else 多分支语句和字符串相关函数的使用。

步骤 1：重构计算器程序。在控制终端获取左右操作数，默认从终端获取的数据都是字符串类型，需要转换为 float 才能进行运算，所以需要先判断输入的字符串是否能够转换为数字。判断方法是通过字符串的判断函数 isdigit( ) 实现，如果字符串是数字返回 "True"，否则返回 "false"。但需要注意浮点数会包含一个小数点 "."，在调用 isdigit( ) 判断之前需要使用 replace 将小数点替换掉，代码如下：

```
number_one = input("请输入第一个数字:")
if number_one. replace( '. ',"" ,1). isdigit( ):
    number_one = float( number_one )
else:
    print("操作数不是一个数字")
    exit( ) # 退出程序


operator = input("请输入运算符:")


number_two = input("请输入第二个数字:")
if number_two. replace( '. ",1). isdigit( ):
    number_two = float( number_two )
else:
    print("操作数不是一个数字")
    exit( ) # 退出程序
```

步骤 2：运行当前程序，输入数据测试。如果输入的数据正确，程序会继续往下执行；如果输入的是非法数据，打印提示后程序会提前结束，如图 3-5 所示。

步骤 3：在 if 分支语句中添加比较操作符，并在最后增加 else 分支。如果输入的操作符都不支持则执行 else 分支，代码如下：

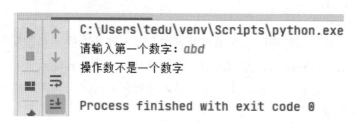

图 3-5　非法数据判断

```
if operator = = " + ":
    print(number_one+number_two)
elif operator = = " - ":
    print(number_one - number_two)
elif operator = = " * ":
    print(number_one * number_two)
elif operator = = "/":
    print(number_one / number_two)
elif operator = = " < ":
    print(number_one < number_two)
elif operator = = " > ":
    print(number_one > number_two)
elif operator = = " = = ":
    print(number_one = = number_two)
else:
    print("不支持的运算符")
```

步骤 4：运行测试。如果输入比较运算符，运行结果为 bool 值，打印时会显示
"True"或"False"，表示比较是否成立，如图 3-6 所示。

图 3-6　比较运算结果

3.5 小结与拓展

3.5.1 Python 控制语句分类

Python 控制语句分为以下几类：

（1）顺序语句。按自上而下的顺序，每条语句逐一执行，是 Python 程序开发中最基本的语句。

（2）分支语句。if-elif-else 分支，根据条件选择一个分支执行。if 语句可以嵌套，但是为了保持代码简洁和可读性，尽可能减少分支嵌套。

（3）循环语句。需要关注循环变量初值、循环条件和循环变量的变化，具体实现方式分为 while 循环和 for 循环。

3.5.2 if 分支语句

（1）作用：根据条件选择要执行的分支。

（2）语法格式如下：

if 条件 1：

　　代码块 1

elif 条件 2：

　　代码块 2

elif 条件 3：

　　代码块 3

…

else：

　　代码块 N

（3）使用说明：if 分支语句中 elif 子句可以有 0 个或多个，else 子句可以有 0 个或 1 个，且只能放在 if 语句的最后。

3.5.3 字符串和数字

Python 程序中从控制终端获取的数据都是字符串类型，但进行计算时往往要将其转换为数字类型，常用的转换函数如下：

（1）int(str)：将参数字符串转化为整型数。

（2）float(str)：将参数字符串转化为浮点型。

（3）str(数字)：将参数的数字转换为字符串。

3.6　思考与训练

（1）扩展数学计算器功能，尝试支持更多运算符。除了双目操作符，也可以尝试添加单目运算符，如位反（~）、逻辑非（not）等。

（2）使用 if 分支语句，完成下面任务。

在控制终端输入一个季度，如"春""夏""秋""冬"，打印输出和季度对应的月份；假设春季是（1 月、2 月、3 月），夏季是（4 月、5 月、6 月），秋季是（7 月、8 月、9 月），冬季是（10 月、11 月、12 月）。

项目 **4** 质数生成器

4.1 项目描述

质数也被称为素数，是指大于 1 的自然数中只能被 1 和自身整除的数字，如 2、3、5、7、11、13 等。除了 1 和自身以外不能被其他数字整除，那么它们就是质数。

判断是否为质数可以使用排除法，让其和 2 到目标数字之间（不包括目标数字）的所有整数进行取余运算，如果可以整除（余数为 0）就不是质数，如果都不能整除则为质数。例如，判断 9 是否为质数，可以让其和 2~9（不包括 9）之间所有整数进行取余运算，因为 9%3＝0，所示 9 就不是质数；同样的道理，假设判断 11 是否为质数，可以让 11 和 2~11（不包括 11）之间所有整数进行取余运算，因为都不能进行整除（余数都不为 0），所以 11 为质数。了解了判断质数方法以后，本项目要求完成以下任务：

（1）从终端输入一个数字，分别使用 for 循环和 while 循环方式判断是否为质数。

（2）利用循环嵌套，指定质数生成范围，打印指定范围内所有的质数。

4.2 项目目标

（1）掌握 while 循环的语法。

（2）掌握 for 循环语法。

（3）掌握可迭代对象的遍历。

（4）掌握 while 循环和 for 循环的嵌套使用。

4.3 理论知识

4.3.1 循环语句

程序开发中，需要重复执行的代码可以使用循环来解决，循环次数由循环条件来决定。通常循环执行的代码块会改变循环条件，如果不再满足循环条件则结束循环，否则循环代码将不断重复执行，循环执行的流程如图 3-3 所示。Python 中的循环操作主要包括：

（1）while 循环。

（2）while-else 循环。

（3）for 循环。

（4）for-else 循环。

4.3.2　while 循环

常用于循环次数不确定的场景，如果条件表达式成立，则循环执行代码块，不成立时则跳出循环继续执行其他代码，语法格式如下：

while 条件表达式：

　　代码块

```
# while 循环示意:计算所有 100 以内正整数的和
number = 1
sum = 0
while number < 100:
    sum += number
    number += 1
```

4.3.3　while-else 循环

while 循环可以带有 else 分支，当 while 条件不成立时 else 分支的代码块将会被执行一次，语法格式如下：

while 条件表达式：

　　代码块1

else：

　　代码块2

4.3.4　for 循环

常用循环次数确定的场景，遍历可迭代对象和序列项目，比如遍历访问列表、元组、字符串等，语法格式如下：

for 变量 in 可迭代对象：

　　代码块

```
# for 循环示意:计算所有 100 以内正整数的和
sum = 0
# range(1,100)用于生成 1~100(不包括 100)的可迭代对象
for number in range(1,100):
sum += number
```

4.3.5　for-else 循环

和 while 循环类似，for 循环也可以带有 else 分支。当可迭代对象遍历结束，或者没有任何可迭代数据时 else 分支的代码块将会被执行一次，语法格式如下：

for 变量 in 可迭代对象：

　　　代码块 1

else：

　　　代码块 2

4.3.6　循环嵌套

无论是 while 循环还是 for 循环，都可以嵌套使用，以解决更加复杂的问题。循环嵌套使用时可以把内层循环看作是外层循环代码块的一部分，其语法格式如下：

（1）while 循环嵌套语法

while 条件表达式 1：

　　　代码块 1

　　　while 条件表达式 2：

　　　　　代码块 2

（2）for 循环嵌套语法

for 变量 in 可迭代对象：

　　　代码块 1

　　　for 变量 in 可迭代对象：

　　　　　代码块 2

4.3.7　break 和 continue 关键字

在 while 或 for 循环体的代码块中，可以使用 break 和 continue 关键字终止循环体的代码块继续执行。它们的区别在于 break 终止后将会直接跳出循环体，继续往下执行其他代码，而 continue 只会终止一次循环，可以继续执行下一次循环。

如果在 while 或 for 循环中包含了 else 分支，使用 break 终止循环后 else 分支的语句块不再被执行。

如果在循环嵌套中使用 break 语句，只会终止当前的一层循环，因此在内层循环执行 break 只会跳出内层的循环体，外层循环可以继续执行下去。

4.3.8　死循环

在 Python 程序中，循环体靠自身控制无法终止的程序称为"死循环"，循环体的代码块将会一直重复地执行下去。如果希望终止死循环，可以通过"ctrl+c"给进程发送中断信号，或者通过任务管理器将死循环的进程关闭。

通过 while 实现死循环代码如下：

```
while True：
    str_num = input('请输入十进制整数：')
    if str_num. isdigit( )：
        print('转换成二进制是：',bin(int(str_num)))
    else：
        if input('格式不正确,要重新输入吗？（y/n）：') == 'y'：
            continue
        else：
            break
```

4.4　任　　务

4.4.1　任务 1：使用 for 循环判断数字是否为质数

在控制终端输入一个整型数，通过 for 循环，对 2 到自身 -1 的所有整数进行整除，利用排除方法，判断输入的数字是否为质数，并打印判断结果。

任务目标：掌握使用 for 循环的基本语法。

步骤 1：创建工程。

在 PyCharm 环境中创建 Python 程序，通过 input 函数从控制终端输入一个大于 1 的自然数并将其转换为 int 类型，然后保存到 number 变量中作为判断的目标数字，代码如下：

```
number = int(input("请输入整数:"))
if number <= 1：
    print("输入错误")
    exit( )
```

步骤 2：使用 for 循环判断是否为质数。

调用 Python 内建函数 range 生成 2 ~ number（不包括 number 自身）之间的所有整数作为 for 循环的可迭代对象，然后在循环体中让其和 number 进行取余运算。如果 2 ~ number 之间有一个数字取余结果为 0，说明 number 不是质数；相反直至 for 循环结束都不能整除，说明 number 就是质数，代码如下：

```
#判断 2 到 number 之间的数字,能否整除 number.
for item in range(2,number):    # 2 3 4 5...

    if number % item = = 0:
        print("不是素数")
        break    #结束循环并且不会执行 else 分支
else:
    print("是素数")
```

步骤 3:运行测试。

在 PyCharm 环境中运行测试,测试结果如图 4-1 所示。

图 4-1　质数判断程序运行结果

4.4.2　任务 2:使用 while 循环判断数字是否为质数

将任务 4.1 中判断是否为质数的代码改为使用 while 循环方式,并对判断过程进行优化。判断是否质数时只需对 2 到自身的平方根之间的整数进行整除即可。例如判断 29 是否为质数,可以对 2~5 进行取余运算;如果都不为 0,那么 29 就是质数。

任务目标:掌握使用 while 循环基本语法。

步骤 1:创建工程。

在 PyCharm 环境中创建 Python 程序,调用 input 函数从控制终端输入一个大于 1 的自然数并将其转换为 int 类型,然后通过公式 "num_sqrt = num * * 0.5" 获取其平方根,代码如下:

```
number = int(input("请输入整数:"))
if number <= 1:
    print("输入错误")
    exit()
# 求平方根
number_sqrt = number * * 0.5
```

步骤 2：使用 while 循环判断是否为质数。

while 循环退出条件为取余数字小于或等于目标数字的平方根，取余数字从 2 开始，每次循环加 1，如果目标数字对其取余结果为 0，表示不是质数，则使用 break 语句跳转循环；而如果循环到 while 条件不成立时退出，表示目标数字为质数，执行 else 分支打印结果，代码如下：

```python
item = 2
while item <= number_sqrt:
    if number % item == 0:
        print("不是素数")
        break
    item = item+1
else:
    print("是素数")
```

步骤 3：运行测试。

在 PyCharm 环境中运行测试，测试结果如图 4-2 所示。可以看到结果和 4.4.1 节的相同，但分析算法的时间复杂度，明显要好于 4.4.1 节的方法。

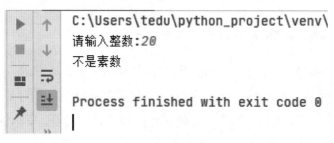

图 4-2　质数判断程序运行结果

4.4.3　任务 3：生成一定范围内的所有质数

在终端输入一个数字上限，打印从 1 开始到该数字范围内的所有质数。例如，输入 20，打印结果为 2、3、5、7、11、13、17、19。

在前面任务中，掌握了如何使用 for 循环和 while 循环判断一个数字是否为质数。现在要打印一定范围内的所有质数，需要嵌套一层循环方可实现，外层循环控制目标数字，内存循环判断目标数字是否为质数，这里外层使用 for 循环而内层使用 while 循环。

任务目标：掌握使用 while 和 for 循环的嵌套使用。

步骤 1：创建工程。

在 PyCharm 环境中创建 Python 程序，调用 input 函数从控制终端输入一个大于 1 的自然数，作为目标数字的范围上限，然后使用 for 循环，迭代访问从 2 到上限数字范围的所有的目标数字，代码如下：

```
range_number = int(input("请输入一个数字上限:"))
for item in range(2, range_number+1):
```

步骤 2：生成到目标数字范围的所有质数。

在 for 循环语句块中嵌套定义 while 循环，然后在 while 循环的语句块中判断目标数字是否质数，判断方法和 4.4.2 的相同，这里不再赘述。如果判断为质数则打印输出，否则继续循环判断下一个目标数字。注意：在内层循环中使用 break 语句只会跳出内层循环，外层循环还会继续执行，代码如下：

```
item_sqrt = item ** 0.5
i = 2
while i <= item_sqrt:
    if item % i == 0:
        break
    i = i + 1
else:
    print(item, end='')
```

步骤 3：运行测试。

在 PyCharm 环境中运行测试，测试结果如图 4-3 所示。

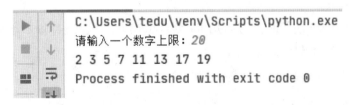

图 4-3　生成一定范围内的质数程序运行结果

4.5　小结与拓展

4.5.1　while 循环语句

（1）作用：可以让代码块在满足条件情况下，重复执行多次。

（2）语法格式如下：

while 条件：

　　满足条件执行的代码块

else：

　　不满足条件执行的代码块

（3）使用说明：else 子句可以省略，如果在 while 循环体中使用 break 终止循环时，else 子句不执行。

4.5.2　for 循环语句

（1）作用：用来遍历可迭代对象的数据元素，可迭代对象是指能依次获取数据元素的对象。

（2）语法格式如下：

for 变量列表 in 可迭代对象：

　　语句块 1

else：

　　语句块 2

（3）使用说明：else 子句可以省略，如果在 for 循环体中使用 break 终止循环时，else 子句不执行。

4.5.3　range 函数

（1）作用：用来创建一个生成一系列整数的可迭代对象（也称为整数序列生成器）。

（2）语法：range（开始点，结束点，间隔）。

（3）使用说明：

1）函数返回的可迭代对象可以用 for 循环取出其中的元素。

2）返回的数字不包含结束点。

3）开始点默认值为 0，间隔默认值为 1。

4.5.4　break 和 continue 关键字

（1）break 语句：直接跳出循环体，后面的代码不再执行；如果 while 或 for 循环语句包含了 else 分支，使用 break 跳出循环体后 else 分支不再执行。

（2）continue 语句：跳过本次循环，但可以继续下次循环。

4.6　思考与训练

（1）总结 for 循环和 while 循环的区别，程序开发中应该如何选择？

（2）实现获取第 N 个质数程序，质数序列为 2、3、5、7、11、13、17、19、…，如果输入获取第 5 个质数，结果为 11。

（3）输入一个质数，生成前一个和后一个质数。例如，输入 11，输出结果为 7 和 13。

项目 5   双色球投注系统

5.1   项目描述

实现双色球彩票投注系统，支持单选、机选、兑奖查询等功能。双色球是中国福利彩票的一种玩法，顾名思义每注彩票由红球和蓝球组成，红球一共 6 个，从 1~33 数字中抽取一个，6 个红球互相不重复，蓝球是从 1~16 中抽取一个数字，一共 7 个球组成一注双色球彩票。

双色球奖励介绍：

（1）一等奖：浮动计算，单注最高限额封顶 1000 万元，假设固定为 1000 万元。

（2）二等奖：浮动计算，单注最高限额封顶 500 万元，假设固定为 500 万元。

（3）三等奖：单注奖金固定为 3000 元。

（4）四等奖：单注奖金固定为 200 元。

（5）五等奖：单注奖金固定为 10 元。

（6）六等奖：单注奖金固定为 5 元。

双色球中奖规则和概率：

（1）一等奖（6 红球+1 蓝球），中奖概率为：0.0000056%。

（2）二等奖（6 红球+0 蓝球），中奖概率为：0.0000846%。

（3）三等奖（5 红球+1 蓝球），中奖概率为：0.000914%。

（4）四等奖（5 红球+0 蓝球或 4 红球+1 蓝球），中奖概率为：0.0434%。

（5）五等奖（4 红球+0 蓝球或 3 红球+1 蓝球），中奖概率为：0.7758%。

（6）六等奖（2 红球＋1 蓝球、1 红球＋1 蓝球、0 红球＋1 蓝球）中奖概率为：5.889%。

5.2   项目目标

（1）了解常见的序列容器特性。

（2）掌握列表、字典的定义和使用。

（3）掌握元组、集合的定义和使用。

（4）熟悉序列推导式的语法规则。

（5）掌握函数的基础语法。

5.3 理论知识

5.3.1 序列

序列是最常见的容器，用于存放多个元素，可以把序列看作是一块存放多个元素的连续内存空间，这些元素会按一定顺序排列，通常每个元素的位置可以用一个数字编号来表示，称为索引或下标。

在 Python 中，常用的序列包括字符串、列表、元组等。不同类型序列的特性和适用场景有所差别，但这些序列都可以支持以下常见的通用操作：

5.3.1.1 数学运算符

+：用于拼接两个序列。

+=：用原序列与右边序列拼接，并将结果重新绑定到原序列。

*：重复生成序列元素。

*=：重复生成序列元素，并将结果重新绑定到原序列。

< <= > >= == !=：依次比较两个序列中的元素，返回 bool 类型结果。

5.3.1.2 成员运算符

数据 in 序列：如果在指定的序列中找到数值，返回"True"。

数据 not in 序列：如果没有在指定的序列中找到数值，返回"True"。

5.3.1.3 索引（下标）

序列[index]：访问序列中和索引对应的元素，正向索引元素从 0 开始，第二个元素索引为 1，以此类推，最后一个为 len(s)−1，如图 5-1 所示。

图 5-1 序列的正向索引

反向索引从 −1 开始，−1 代表最后一个元素，−2 代表倒数第二个元素，以此类推，第一个是 −len(s)，如图 5-2 所示。

图 5-2 序列的反向索引

5.3.1.4　切片

序列［开始索引：结束索引：步长］。

序列切片常用于从序列中取出相应的元素组成一个新的序列，新序列包括起始索引元素但不包括结束索引元素。

5.3.1.5　常用序列相关内建函数

len(x)：返回序列的长度。

max(x)：返回序列的最大值元素。

min(x)：返回序列的最小值元素。

sum(x)：返回序列中所有元素的和（元素必须是数值类型）。

5.3.2　列表

列表（list）是由一系列变量组成的可变序列容器，属于 Python 中的内建数据类型，可以把列表理解为是一种线性容器。该容器被隔成不同的空间，每个空间可以放任何类型"物"，而列表内"物"只有前后的位置关系并且每个"物"是可以替换的。

5.3.2.1　创建列表

列表名 =［元素 1，元素 2，…，元素 n］。
列表名 = list（可迭代对象）。

```
# 创建空列表
list01 = [ ]
list01 = list( )
# 创建列表并初始化
list02 = [100,3.14,True]
list02 = list("hello")
```

5.3.2.2　向列表中添加元素

在列表尾部添加：列表名 . append（元素）。
在指定位置添加：列表 . insert（索引，元素）。

```
# 创建空列表
list02 = [ ]
# 使用 append 添加元素
```

```
list02. append（200）
# 使用 insert 添加元素
list02. insert（1,True）
```

5.3.2.3 访问列表的元素

访问指定元素：列表［索引］。
访问范围元素：列表［起始索引：结束索引：步长］。

```
# 创建列表并初始化
list02 = ［100,200,300,400,500］
# 索引
print(list02［2］)   # 300
# 切片
print(list02［1:4:1］)  # ［100,200,300］
```

5.3.2.4 遍历列表的元素

正向遍历：
    for 变量 in 列表：
        print（变量）   # 变量就是元素
反向遍历：
    for 索引名 in range（len（列表）-1, -1, -1）：
        print（列表名［索引］）

```
# 创建列表并初始化
list02 = ［100,200,300,400,500］
# 正向遍历列表中所有元素
for item in list02：
    print(item)   # 100 200 300 400 500
# 反向遍历列表中所有元素
for index in range（len（list02）-1,-1,-1）：
    print（list02［index］) # 500 400 300 200 100
```

5.3.2.5 删除列表元素

删除指定元素:列表名 . remove(元素)。

删除范围元素：del 列表名［起始索引：结束索引：步长］。

```
list01 = ［100,200,300,400,500］
# 删除一个元素
list01. remove（100）# del list01［0］
print(list01) # ［200,300,400,500］
# 删除切片范围的所有元素
list02 = ［100,200,300,400,500］
del list02［1:3］
print（list02）# ［100,400,500］
```

5.3.2.6　列表的常用函数和方法

len( )：获取列表序列长度，即元素个数。

max( )：获取列表中最大值的元素。

min( )：获取列表中小值的元素。

sum( )：获取列表中所有元素的和。

index( )：查找指定元素在列表中第一次出现的索引位置。

count( )：统计某个元素在列表中出现的次数。

append( )：在列表末尾添加新的对象。

extend( )：用新列表扩展原来的列表。

insert( )：将元素插入到列表的指定位置。

pop( )：删除列表中的一个元素（默认最后一个元素），并且返回该元素的值。

remove( )：删除列表中某个元素的第一个匹配项。

reverse( )：反向列表中元素。

clear( )：清空列表。

sort( )：对列表元素进行排序。

5.3.2.7　列表的浅拷贝和深拷贝

浅拷贝：拷贝过程中，只复制一层变量，不会复制深层变量绑定的对象。当列表中元素还是列表时，会导致嵌套的列表元素共享，例如下面的代码：

```
# 创建列表,包含两个元素,其中第二个元素还是列表
list01 = ［100,［200,300］］
# 浅拷贝,只复制一层,相等于 list01 和 list02 共享了第二个列表元素
list02 = list01. copy( )
# 修改 list01 的第二个列表元素时,导致 list02 也发生改变,代码高耦合
```

```
list01[1][0] = 222
print(list01)   # [100,[222,300]]
print(list02)   # [100,[222,300]]
```

深拷贝：拷贝过程中会复制所有依赖的变量，嵌套的列表也会完整复制，不会共享，例如下面的代码：

```
# 导入深拷贝模块
import copy
list01 = [100,[200,300]]
# 深拷贝,完整拷贝 list01 第二个列表元素
list02 = copy.deepcopy(list01)
# 修改 list01 的第二个列表元素,对 list02 没有影响
list01[1][0] = 222
print(list01)   # [100,[222,300]]
print(list02)   # [100,[200,300]]
```

5.3.2.8 列表 VS 字符串

（1）列表和字符串都是序列，元素之间有先后顺序关系。
（2）字符串是不可变的序列，列表是可变的序列。
（3）字符串中每个元素只能存储字符，而列表可以存储任意类型。
（4）列表和字符串都是可迭代对象。

5.3.3 元组

元组（tuple）和列表类似，也是 Python 的内建数据类型。但元组是由一系列变量组成的不可变序列容器，即元组创建后不可以再添加、删除、修改元素。

5.3.3.1 创建元组

元组名 =(元素 1，元素 2，…，元素 n)。
元组名 =tuple（可迭代对象）。

```
# 创建空元组
tuple01 = ()
tuple02 = tuple()
# 创建元组同时初始化
tuple01 = (1,2,3)
```

```
tuple02 = tuple("hello")
print(tuple01)  # (1,2,3)
print(tuple02)  # ('h','e','l','l','o')
# tuple01[0] = 10 #error 元组元素不能改变
```

5.3.3.2　访问元组的元素

访问指定元素：列表［索引］。
访问范围元素：列表［起始索引：结束索引：步长］。

```
# 创建元组同时初始化
tuple01 = ("a","b","c","d")
# 访问一个元素
print(tuple01[1])  # b
# 访问切片范围元素
print(tuple01[1：3：1])  # ('b','c')
```

5.3.3.3　遍历元组

正向遍历：
　　for 变量 in 元组：
　　　　print（变量）　# 变量就是元素
反向遍历：
　　for 索引名 in range（len（元组）-1，-1，-1）：
　　　　print（元组［索引］）

```
tuple01 = ("a","b","c","d")
# 正向遍历
for item in tuple01：
    print(item) # a b c d
# 反向遍历
for index in range(len(tuple01)-1,-1,-1)：
    print(tuple01[index]) # d b c a
```

5.3.3.4　元组的常用函数

len()：获取元组序列长度，即元组中的元素个数。

max（）：获取元组中最大值的元素。

min（）：获取元组中最小值的元素。

sum（）：获取列表中所有元素的和。

index（）：查找指定元素在元组中第一次出现的索引位置。

count（）：统计某个元素在元组中出现的次数。

5.3.4 字典

字典（dict）是由一系列键值对组成的可变映射容器，其中的"键"必须是唯一不可改变的，可以使用字符串、数字、元组表示，而"值"可以是任何类型，通过唯一的键可以快速找到对应的值。

字典常用于表示一一对应关系。比如，超市通过条形码可以找到商品价格，其中条形码为"键"，同一商品条形码必须是唯一的；而商品价格信息则为"值"，没有任何限制，可以和其他商品相同也可以不同，这样就建立了"条形码-->商品价格"的对应关系。

5.3.4.1 创建字典

字典名 = {键1：值1，键2：值2，…，键n：值n}

```
# 创建空字典
dict01 = {}
dict01 = dict()


# 创建字典并初始化
dict02 = {101:"小明",102:"张三",103:"李四"}
print(dict02)    # {101:'小明',102:'张三',103:'李四'}
```

5.3.4.2 查询字典的值

根据键查询字典值：字典名［键］

```
dict02 = {101:"小明",102:"张三",103:"李四"}
print(dict02[101])    # 小明
print(dict02[105])     # KeyError,键不存在
```

5.3.4.3 添加或修改字典中的元素

字典名［键］= 值 # 如果键已存在则修改，不存在则添加

```
# 创建字典并初始化
dict02 = {101:"小明",102:"张三",103:"李四"}
# key 存在为修改
dict02[101] = "小红"　　# 修改
print(dict02) # {101:'小红',102:'张三',103:'李四'}
# key 不存为添加
dict02[104] = "王五"　　# {101:'小红',102:'张三',103:'李四',104:'王五'}
print(dict02)
```

5.3.4.4　删除字典中的元素

del 字典名 [键]

```
# 创建字典并初始化
dict02 = {101:"小明",102:"张三",103:"李四"}
# 删除 key 为 103 的元素
del dict02[103]
print(dict02)　　# {101:'小明',102:'张三'}
```

5.3.4.5　字典的 in 运算

if 键名 in 字典名 # 检测键是否在字典中存在

```
dict02 = {101:"小明",102:"张三",103:"李四"}
if 101 in dict02:
    print("101 键存在")
else:
    print("101 键不存在")
```

5.3.4.6　遍历字典

for 键名 in 字典名:
　　字典名 [键名]

```
# 遍历字典,获取 key
for key in dict02:
    print(key)
    print(dict02[key])
```

5.3.4.7　字典的常用函数

len( )：获取字典中元素的个数。

pop( )：根据 key 删除字典中的元素，返回对应的 value。

get( )：根据 key 得到字典中对应的 value。

update( )：合并字典或替换 key 对应的值。

keys( )：获得字典 key 的列表。

values( )：获取字典值的视图。

items( )：获取字典的键和值的元组列表视图。

copy( )：拷贝字典得到副本。

clear( )：清空字典的元素。

5.3.4.8　字典和列表

（1）两者都是可变容器。

（2）获取元素方式不同，列表用索引，字典用键。

（3）字典查询元素的速度快于列表。

（4）列表的存储是有序的，字典的存储是无序的。

5.3.5　集合

Python 中的集合（set）和数学中的集合概念类似，是由任意个无序元素组成的容器，集合内的元素不能重复，类似字典中的"键"，可以把集合看作是只有键没有值的字典，但集合不支持索引操作。

Python 中的集合有以下两种：

（1）可变集合 set：支持添加、删除等操作，不能作为字典的键。

（2）不可变集合 frozenset：不能更改，不支持添加删除操作，可作为字典的键。

5.3.5.1　创建可变集合

集合名 = set( )。

集合名 = set（可迭代对象）。

```
# 创建空集合
set01 = set( )
# 创建集合同时初始化
set01 = set("abc")
print(set01)    #  {'a','b','c'}
print(type(set01))    # <class 'set'>
```

5.3.5.2　创建不可变集合

集合名 = frozenset（）。

集合名 = frozenset（可迭代对象）。

```
# 创建空集合
set01 = frozenset( )
# 创建集合同时初始化
set01 = frozenset("abc")
print(set01)    #   frozenset({'a','c','b'})
print(type(set01))    #   <class 'frozenset'>
```

5.3.5.3　集合运算——并集（｜）

获取多个集合中所有不重复的元素，可用于去重，例如下面的代码：

```
s1 = {1,2,3}
s2 = {2,3,4}
s3 = s1 | s2
print(s3) # {1,2,3,4}
```

5.3.5.4　集合运算——交集（&）

获取多个集合中共同的元素，例如下面的代码：

```
s1 = {1,2,3}
s2 = {2,3,4}
s3 = s1 & s2
print(s3) # {2,3}
```

5.3.5.5　集合运算——相对补集（-）

获取只属于其中之一的元素，例如下面的代码：

```
s1 = {1,2,3}
s2 = {2,3,4}
s3 = s1 - s2
print(s3) # {1} 属于 s1 但不属于 s2 的元素
```

5.3.5.6 集合运算——对称补集（^）

获取多个集合中不同的元素，例如下面的代码：

```
s1 = {1,2,3}
s2 = {2,3,4}
s3 = s1 ^ s2
print(s3) # {1,4}  等同于(s1-s2 | s2-s1)
```

5.3.5.7 集合运算——等价（==）和不等价（!=）

判断一个集合中的元素是否和另一个集合相同，例如下面的代码：

```
s1 = {1,2,3}
s2 = {3,2,1}
s1 == s2  # True
s1 != s2  # False
```

5.3.5.8 集合运算——子集（<）

判断一个集合的所有元素是否都在另一个集合中，例如下面的代码：

```
s1 = {1,2,3}
s2 = {2,3}
s2 < s1  # True,s2 是 s1 的子集
```

5.3.5.9 集合运算——超集（>）

判断一个集合是否具有另一个集合的所有元素，例如下面的代码：

```
s1 = {1,2,3}
s2 = {2,3}
s1 > s2  # True,s1 是 s2 的超级
```

5.3.5.10 集合运算——成员运算（in、not in）

判断一个对象是否是集合内的元素，例如下面的代码：

```
set01 = {1,2,3}
```

```
print(2 in set01) # True
print(2 not in set01) # False
```

5.3.5.11　遍历集合元素

遍历访问集合中所有的元素，例如下面的代码：

```
set02 = {1,2,3}
for item in set02:
    print(item)
```

5.3.5.12　集合的常用函数

add()：向集合中添加一个新元素。
remove()：从集合中删除一个元素。
pop()：随机删除一个元素。
clear()：清空集合所有元素。
copy()：拷贝集合。

5.3.5.13　可变集合和不可变集合小结

（1）可变集合元素可以使用 add、update、remove、clear 等方法。
（2）不可变集合不能改变，不能使用 add、update、remove、clear 等方法。
（3）可变集合和不可变集合混合运算，结果类型要考虑先后。
（4）不可变集合不支持序列的索引操作，不支持字典的键索引操作。
（5）不可变集合可以做字典的键，可变集合不可以做字典的键。

5.3.6　推导式

推导式是用可迭代的对象生成序列容器中元素的方式，让编程方式更加简洁，列表、字典、集合都可以使用推导式简化编程。

5.3.6.1　列表推导式

[表达式 for 变量 in 可迭代对象]。
[表达式 for 变量 in 可迭代对象 if 条件语句]。

```
# 将 list01 中所有元素,增加 1 以后存入 list02 中
list01 = [5,56,6,17,7,8,19]
list02 = [item + 1 for item in list01]
```

```
print(list02)    # [6,57,7,18,8,9,20]

# 将 list01 中大于 10 元素,增加 1 以后存入 list02 中
list02 = [item + 1 for item in list01 if item > 10]
print(list02)    # [57,18,20]
```

5.3.6.2　字典推导式

{键表达式:值表达式 for 变量 in 可迭代对象}。
{键表达式:值表达式 for 变量 in 可迭代对象 if 条件语句}。

```
# 字典推导式
    dict01 = {key:key * * 2 for key in [1,2,3,4,5]}
print(dict01)    # {1:1,2:4,3:9,4:16,5:25}
```

5.3.6.3　集合推导式

{表达式 for 变量 in 可迭代对象}。
{表达式 for 变量 in 可迭代对象 if 条件语句}。

```
set01 = {1,2,3,4,5}
# 集合推导式
set02 = {key * * 2 for key in set01}
print(set02) # {1,4,9,16,25}
```

5.3.7　函数

　　Python 程序开发中,很多代码块需要在不同的功能设计中重复执行多次,如果每次执行都写一遍会造成代码冗余,程序也会显得"臃肿",难以维护。

　　为了方便某些功能的代码块重复执行,可以将这些代码组织到一起,封装成一个独立的功能模块,并使用 def 关键字为这个功能模块命名,即为函数名。将来需要重复执行这些代码时,只需要通过函数名就可以找到并执行这些代码,这样可以很好提高程序的模块性和代码复用率。

　　综上所述,所谓函数就是为解决重复执行某些功能而设计的代码块。在 Python 标准库中已经实现了很多函数,一般称为内建函数,比如经常使用的 print 打印输出、input 输入就是属于内建函数。当然程序开发者也可以根据需要自己编写函数,这被称为自定义函数。

5.3.7.1　常见的内建函数

输入输出函数：print( )、input( )。

类型相关函数：type( )、isinstance( )、zip( )。

数学相关函数：abs( )、divmod( )、pow( )、round( )。

条件判断函数：all( )、any( )。

进制转换函数：bin( )、oct( )、hex( )。

类型转换函数：int( )、float( )、complex( )、bool( )。

序列转换函数：list( )、tuple( )、dict( )、enumerate(['a'，'b'，'c'])。

字符相关函数：chr( )、ord( )、eval( )、format( )、str( )。

序列操作函数：len( )、max( )、min( )、rang( )、iter( )。

5.3.7.2　自定义函数

（1）语法格式

def functionname(parameters)：

　　"文档字符串"

　　function_suite

　　return［expression］

（2）def

定义函数的关键字。

（3）functionname

函数名，用户自定义的名字，命名规则与变量名相同，本质上是变量。

（4）parameters

参数列表，指定需要传递给函数的数据，括号不可少，参数可选，如果没有参数可以使用空（ ）。

（5）":"

参数列表括号后的冒号，必须有。

（6）文档字符串

通常用来说明本函数的功能和使用方法。

（7）function_suite

函数体语句，不能为空，如果希望为空可以使用 pass 语句填充。

（8）return［expression］

函数返回表达式，用于结束函数执行，可以选择性地返回一个数值给函数的调用者，如果没有 return 表达式相当于返回 None。

```
# 函数定义示例：
def my_func( )：
```

```
        print('this is my custom function')


def add():
    num1 = int(input('please enter a number:'))
    num2 = int(input('please enter another number:'))
    print('{} + {} = {}'.format(num1,num2,num1 + num2))


add()   # 调用(执行)add()函数
my_func() # 调用(执行)my_func()函数
```

5.3.7.3 函数的调用

通过函数名即可调用函数,但如果函数被定义在其他文件中,需要使用 import 关键字导入到当前文件中。例如,使用 os 系统模块中的 listdir 函数获取指定目录下的所有内容,代码如下:

```
# 函数调用示例
import os
def get_files():
    for f in os.listdir('.'):
            print(f)
get_files()
```

5.3.7.4 函数的嵌套调用

可以在一个函数定义时,在函数体中调用另一个函数。例如,在函数 show_hello 中调用 get_fullname() 函数,代码如下:

```
# 函数调用示例
def get_fullname():
    return 'xiao'+ 'ming'
def show_hello():
    print('hello',get_fullname())
show_hello()
```

5.3.7.5 函数的返回语句

在函数体中只要碰到 return 语句，则马上停止执行后面的代码，并返回 return 后面数据。作为函数执行结果给函数的调用者，如果函数没写 return 语句，执行完最后一条返回语句后将会默认返回 None。

定义函数时可以根据需要包含多条 return 语句，但是在函数调用时只有一个会被执行。例如，定义函数使用 return 返回工作日或休息日，代码如下：

```python
# 函数的返回语句示例
import datetime
def get_day_of_week( ) :
    dow = datetime. date. weekday( datetime. date. today( ) )
    if dow in range( 5 ) :
        return '工作日'
    else :
        return '休息日'


print( get_day_of_week( ) )
```

5.4 任 务

5.4.1 任务1：双色球投注系统 v1.0

双色球投注有人选和机选两种方式，机选是由系统自动生成的随机号码，人选则让用户指定选择双色球号码。本任务暂时只实现人选功能，机选和其他功能会在后面任务中实现。

任务目标：掌握列表的使用和双色球投注规则。

步骤 1：创建工程。

在 PyCharm 环境中创建双色球投注系统工程（ball_v1.0），首先定义用于保存投注号码的列表和记录号码个数的 count 变量，代码如下：

```python
list_ball = [ ]
count = 1
```

步骤 2：获取红球。

使用 while 循环，让用户循环输入 6 个红球号码，并将号码保存到列表变量中。注意：红色球号码选择范围是 1~33，并且每个红球号码不能重复；如果用户输入了无效号码，需要给予适当的提示，代码如下：

```python
while True:
    red_ball = int(input("请输入第%d 个红球:" % count))
    if red_ball < 1 or red_ball > 33:
        print("该号码无效,请选择1~33 范围内的号码")
        continue
    if red_ball not in list_ball:
        list_ball.append(red_ball)
    else:
        print("该号码已经选过不能重复")
        continue
    count += 1
    if count > 6:
        break
```

步骤3：获取蓝球。

和步骤2类似，再输入一个蓝球号码。蓝球号码的选择范围是1~16，获取合理号码后再追加保存到列表中，代码如下：

```python
while True:
    blue_ball = int(input("请输入一个蓝球:"))
    if blue_ball < 1 or blue_ball > 16:
        print("该号码无效,请选择1~16 范围内的号码")
        continue
    else:
        list_ball.append(blue_ball)
        break
```

步骤4：显示结果。

打印列表中保存号码，红球和蓝球分别打印，代码如下：

```python
# 打印红球
print("红球:", end="")
for index in range(0, len(list_ball) - 1):
    print(list_ball[index], end="")
# 打印蓝球
print("蓝球:", list_ball[6])
```

步骤 5：运行测试。

在 PyCharm 环境中运行当前工程，通过控制终端，让用户指定投注的具体号码，系统会过滤掉不合理数据，最终得到一注有效的双色球彩票，如图 5-3 所示。

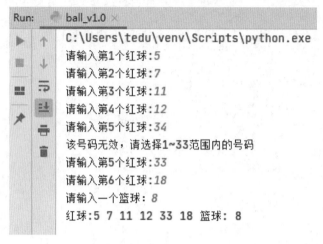

图 5-3　双色球投注系统 v1.0

5.4.2　任务 2：双色球投注系统 v2.0

实现双色球投注系统的机选功能，通过 Python 随机数模块（random），随机获取红球和蓝球，让系统随机生成一注双色球号码。

任务目标：掌握随机数生成方法和列表使用技巧。

步骤 1：创建工程。

在 PyCharm 环境中创建双色球投注系统工程（ball_v2.0），首先使用 import 导入随机数模块，然后定义用于保存投注号码的列表和记录号码个数的 count 变量，代码如下：

```
import random # 随机数模块
list_ball = [ ]
count = 1
```

步骤 2：获取红球。

使用随机数生成函数（randrange）随机生成红球，该函数通过参数可以指定随机数的范围。例如，生成 1~10 随机数代码为"randrange（1，11）"，注意随机数范围包含起始值但不包含结束值，具体代码如下：

```
# 随机生成 6 个红球
    while True:
    red_ball = random. randrange( 1 ,34)
```

```
    if red_ball not in list_ball:
        list_ball. append( red_ball)
    else:
        continue
    count += 1
    if count > 6:
        break
```

步骤 3：红球排序。

调用列表的 sort 方法，进行排序操作，实现对列表中的 6 个红球号码升序排列，代码如下：

```
# 对红球排序
list_ball. sort( )
```

步骤 4：获取蓝球。

调用 randrange 函数，从 1~16 范围随机获取一个蓝球号码，然后将该号码追加保存到列表中，代码如下：

```
# 随机生成一个蓝球
blue_ball = random. randrange( 1,17)
list_ball. append( blue_ball)
```

步骤 5：显示结果。

通过 for 循环遍历访问保存双色球号码的列表，将机选的双色球号码依次打印输出，代码如下：

```
# 打印红球
print( "红球:", end=" )
for index in range( 0, len( list_ball) -1):
    print( list_ball[ index], end=" )
# 打印蓝球
print( "蓝球:", list_ball[ 6])
```

步骤 6：运行测试。

在 PyCharm 环境中运行当前工程，系统会自动随机生成一注双色球彩票，并对 6 个红球进行了排序，如图 5-4 所示。

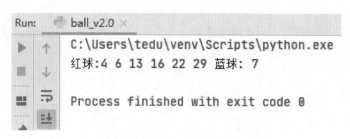

图 5-4　双色球投注系统 v2.0

5.4.3　任务 3：双色球投注系统 v3.0

扩充双色球系统功能，使用字典保存多注双色球号码。用户可以指定购买的双色球彩票数量，根据数量再随机获取多注双色球号码，并保存到字典变量中，要求将随机获取的双色球号码过程封装到函数中，每次希望获取一注双色球号码时只需调用该函数即可得到，利用函数的模块化编程，简化程序结果。

任务目标：掌握字典和函数的使用。

步骤 1：创建工程。

在 PyCharm 环境中创建双色球投注系统工程（ball_v3.0），将 2.0 版本中机选双色球号码的过程封装到函数中，返回列表类型的机选结果，代码如下：

```python
# 定义获取双色球函数
def get_ball():
    list_ball = []
    count = 1
    # 获取红球
    while True:
        red_ball = random.randrange(1,34)
        if red_ball not in list_ball:
            list_ball.append(red_ball)
        else:
            continue
        count += 1
        if count > 6:
            break
    # 红球排序
    list_ball.sort()

    # 获取蓝球
```

```
        blue_ball = random. randrange(1,17)
        list_ball. append(blue_ball)


        return list_ball
```

步骤 2：获取多注双色球。

定义字典：字典的键（key）为保存编号信息的字符串，字典的值（value）为记录每一注彩票号码的列表，然后让用户输入购买的双色球数量；根据数量循环调用机选双色球函数，再将每注双色球号码都保存到字典中，代码如下：

```
# 定义字典:保存每注彩票编号和号码
dict_ball = {}
ball_count = int(input("请输入需要购买多少注彩票?"))
for item in range(1,ball_count+1):
    dict_ball["第%d 注" % (item)] = get_ball()
```

步骤 3：显式结果。

遍历字典，打印输出字典中保存的所有双色球号码，代码如下：

```
for key indict_ball:
    print("红球:",end = " ")
    for index in range(0,len(dict_ball[key])-1):
        print(dict_ball[key][index],end = " ")


    # 打印蓝球
    print("蓝球:",dict_ball[key][6])
```

步骤 4：运行测试

在 PyCharm 环境中运行当前工程，用户可以在控制终端输入要获取多少注彩票，然后打印每注彩票号码，如图 5-5 所示。

5.4.4 任务 4：双色球投注系统 v4.0

继续扩展双色球投注系统的功能，增加兑奖功能。当用户购买了双色球彩票后，可以实现开奖结果的查询，得出是否中奖或中了几等奖，然后根据规则计算奖金总数，中奖规则可以参考项目描述中的介绍。

任务目标：掌握函数的定义和调用。

步骤 1：创建工程。

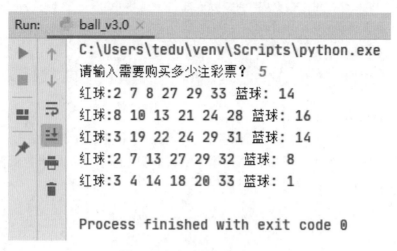

图 5-5　双色球投注系统 v3.0

　　在 PyCharm 环境中创建双色球投注系统工程（ball_v4.0），前面获取多注双色球号码过程和 v3.0 完全相同，这里不再赘述。

　　步骤 2：定义比较函数。

　　自定义函数，用于比较两注双色球号码中相同号码红色球的个数，在后面判断中奖等级时需要使用，代码如下：

```python
def red_ball(ball1,ball2):
    """
    计算两注双色球号码中有多少个相同的红球
    :return:返回相同的红球的个数
    """
    count = 0
    for index in range(len(ball1)-1):
        if ball1[index] in ball2:
            count += 1
    return count
```

　　步骤 3：定义兑奖函数。

　　自定义兑奖功能函数，参数为用户的双色球号码，在函数体中和开奖号码进行比对，计算中了几等奖并返回结果，代码如下：

```python
def lottery(target_ball):
    """
    兑奖函数:根据开奖号码,比较得到中了几等奖
```

```
    :param target_ball:投注的号码
    :return:返回几等奖
    """
    if target_ball == win_ball:  # 全部相同
        return "一等奖"
    elif target_ball[0:6] == win_ball[0:6]:  # 前6个红球相同
        return "二等奖"
    elif red_ball(target_ball,win_ball) == 5 and target_ball[6] == win_ball[6]:  # 5
个红球和1个蓝球
        return "三等奖"
    elif red_ball(target_ball,win_ball) == 5 or \
        (red_ball(target_ball,win_ball) == 4 and target_ball[6] == win_ball[6]):  #
5个红球或者4红球+1蓝球
        return "四等奖"
    elif red_ball(target_ball,win_ball) == 4 or \
        (red_ball(target_ball,win_ball) == 3 and target_ball[6] == win_ball[6]):
    #4个红球或者3红球+1蓝球
        return "五等奖"
    elif target_ball[6] == win_ball[6]:  #2+1,1+1,0+1只要蓝球相同至少就是6
等奖
        return "六等奖"
    else:
        return "未中奖"
```

步骤 4：获取开奖号码。

随机获取一注彩票，假定为本期双色球彩票的开奖号码，代码如下：

```
# 输入 y 获取开奖结果
result = input("是否获取开奖结果:是(Y)/否(N):")
if result == 'Y' or result == 'y':
    # 随机获取一注彩票作为开奖号码
    win_ball = get_ball()
    print("本期双色球开奖号码,", end='')
    print("红球:", end='')
    for index in range(0,len(win_ball)-1):
```

```
            print( win_ball[ index ] , end = " )
        # 打印蓝球
        print( " 蓝球 : " , win_ball[ 6 ] )
else :
    print( " 退出 ! " )
    exit( )
```

步骤 5：计算奖金。

根据开奖结果进行比较，遍历字典中所有的彩票，然后调用兑奖函数，计算所有彩票获取的奖金总额并打印结果，代码如下：

```
bonus = 0 #记录奖金总额
# 调用兑奖函数和字典中号码比较,得到奖金结果
for key in dict_ball :
        # 获取中了几等奖
        grade = lottery( dict_ball[ key ] )
        if grade = = " 未中奖 " :
            continue
        elif grade = = " 一等奖 " :
            bonus + = 10000000
        elif grade = = " 二等奖 " :
            bonus + = 5000000
        elif grade = = " 三等奖 " :
            bonus + = 3000
        elif grade = = " 四等奖 " :
            bonus + = 200
        elif grade = = " 五等奖 " :
            bonus + = 10
        else : # 六等奖
            bonus + = 5
print( " 您购买的所有彩票总共获取奖金为 : %d 元 " % bonus )
```

步骤 6：运行测试。

在 PyCharm 环境中运行当前工程，首先输入购买彩票的数量，然后再获取开奖的结果，最后计算奖金总额，如图 5-6 所示。

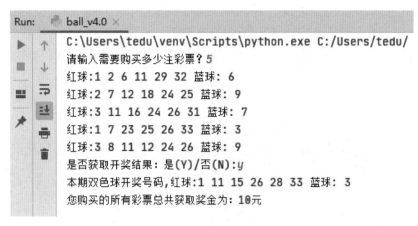

图 5-6 双色球投注系统 v4.0

5.5 小结与拓展

5.5.1 Python 中常用的数据结构

Python 中常用的数据结构类型包括列表、元组、字典和集合、字符串等，可以将它们分为可变数据类型和不可变数据类型。

（1）可变数据类型包括列表、字典、集合。

（2）不可变数据类型包括元组、字符串。

5.5.2 浅拷贝和深拷贝的区别

在浅拷贝时，拷贝出来的新对象的地址和原对象是不一样的，但是新对象里面的可变元素（如列表）的地址和原对象里的可变元素的地址是相同的；也就是说浅拷贝只是复制浅层次的数据结构，对象里的可变元素作为深层次的数据结构并没有被拷贝，而是和原对象里的可变元素指向同一个地址。所以，在新对象或原对象里对这个可变元素做修改时，两个对象是同时改变的，导致两个对象数据共享，代码难以维护。

为了避免浅拷贝问题，需要使用深拷贝。深拷贝会将原对象完全复制，新对象作为独立的个体单独存在，也就是深拷贝的新对象和原对象不再有任何关系，原对象如何改变都不会影响到新对象。所以，即便改变了原对象里面的深层的数据结构也不会对新对象产生影响，这是浅拷贝和深拷贝本质区别。

5.5.3 生成器和迭代器

推导式可以实现直接创建一个序列对象（如列表），但是受到内存限制，列表对象容量肯定是有限的。在大容量的序列中，如果仅仅访问前面元素，将会浪费大量内存空间；但如果需要访问的元素可以在循环的过程中不断推算出来，这样就不必创建完整的列表，从而节省大量的内存空间，这种一边循环一边计算的机制被称为生成器（generator）。

生成器创建的一种方法和列表推导式类似，只要把一个列表推导式中的"[ ]"改成"( )"，就可以创建一个生成器了。例如下面的代码：

```
lst = [ i for i in range( 10 ) ]    # lst 是列表
gtr = ( i for i in range( 10 ) )    # gtr 是生成器
```

如果要遍历生成器中的每个元素，可以使用 next( ) 方法，每次遍历都会计算出下一个元素并返回。例如下面的代码：

```
gtr = ( i for i in range( 10 ) )
print( next( gtr ) )    # 0
print( next( gtr ) )    # 1
print( next( gtr ) )    # 2
…
```

生成器创建的另一种方法是使用函数，在 Python 中，包含了关键字 yield 的函数都可以称为生成器。与普通函数不同的是，生成器是返回一个可迭代器对象，用于迭代操作；在调用生成器运行的过程中，每次遇到 yield 时函数会暂停并保存当前所有的运行信息，再返回 yield 的值，并在下一次执行 next( ) 方法时从当前位置继续运行。

例如，使用生成器函数实现斐波那契数列，数列中从第三项开始，每一项都等于前两项相加的结果，如 0、1、1、2、3、5、8、13、21、…，代码如下：

```
def fibonacci( n ):    # 生成器函数
    a, b, counter = 0, 1, 0
    while True:
        if counter > n:
            return
        yield a
        a, b = b, a + b
        counter += 1
f = fibonacci( 10 )    # f 是一个迭代器,由生成器返回得到
while True:
    try:
```

```
        print( next( f) ,end = " " )
    except StopIteration :
        sys. exit( )
```

迭代器（Iterator）是一个可以记住遍历位置的对象，通常可以被 next( ) 函数调用并不断返回下一个值的对象，就可以称之为迭代器。迭代器表示一个数据流，这个数据流可以看作是一个线性容器，可以被 next( ) 函数调用并不断返回下一个数据，直到没有数据时抛出 StopIteration 错误。

生成器都是可迭代对象，可以把生成器简单的看作是迭代器，但列表、字典、字符串等虽然也是可迭代对象，却不是迭代器，需要把列表、字典、字符串等可迭代对象变成迭代器可以使用 iter( ) 函数。例如，将列表转换为迭代器使用，代码如下：

```
lst = [ 1,2,3,4,5]
test_iter = iter( lst)
print( next( test_iter) )    # 1
print( next( test_iter) )    # 2
print( next( test_iter) )    # 3
print( next( test_iter) )    # 4
print( next( test_iter) )    # 5
```

5.5.4 函数基础

函数是为解决重复执行某些功能而设计的代码块，每个函数可以用于实现项目中的一个功能模块，让项目模块化，这样更方便维护。在 Python 中有很多已经写好的函数，通过函数名即可调用函数，比如 print、input 等属于 Python 标准库已经实现的函数，当希望实现输入输出操作就可以直接调用它们。

项目开发人员也可以根据需要自行定义函数，但要注意函数的语法规则，一般定义函数的语法格式如下：

def 函数名（参数列表）：
　　函数体
　　return 语句

5.6 思考与训练

（1）列表、元组、字典、集合等序列有什么特点，程序开发中应该如何选择？

（2）在双色球项目中，对于红球的排序功能是通过 sort 函数实现的，那么如果不调用该函数应该如何实现排序，请设计一个能实现对列表排序的函数。

（3）扩展双色球投注系统功能，支持复选玩法。比如，可以选 7 个红球+1 个蓝球，或者 7 个红球+2 个蓝球，计算可以组合出多少注彩票，将结果保存到列表或字典并模拟实现兑奖功能。

项目 6　游戏——弹球

6.1　项 目 描 述

利用 Python 中的 tkinter 库就可以实现图形界面的游戏，tkinter 库是 Python 中专门用来编写图形界面的库，通过使用它，就可以很快地实现编写图形化的游戏。对于简单的图形界面 Tkinter 还是能应付自如。本项目是用 tkinter 库来开发一个由反弹球和球拍构成的简单小游戏。

6.2　项 目 目 标

（1）认识并使用 tkinter 并创建一个用来画图的画布。
（2）创建一个称为 Ball 的类（球类）。
（3）用坐标来检查小球是否撞到画布的边缘。

6.3　理 论 知 识

本项目将学习如何使用 Tkinter 包编写一些图形用户界面程序。Tkinter 是 Python 的一个标准包，因此并不需要安装它。由于 Tkinter 是内置到 Python 的安装包中，只要安装好 Python 之后就能使用 import Tkinter 库，而且 IDLE 也是用 Tkinter 编写而成，对于简单的图形界面 Tkinter 还是能应付自如的。从创建一个窗口开始，然后在其上加入一些小组件，比如按钮、复选框等，并使用它们的一些属性。

注意：Python3.x 版本使用的库名为 tkinter，即首写字母 T 为小写。

（1）创建一个窗口。首先，导入 Tkinter 包，然后创建一个窗口，最后给这个窗口设置标题。

（2）创建一个 GUI 程序。

1）导入 Tkinter 模块。

2）创建控件。

3）指定这个控件的 master，即这个控件属于哪一个。

4）告诉 GM（geometry manager）有一个控件产生了，运行结果如图 6-1 所示。

```
import tkinter
top = tkinter. Tk( )
top. mainloop( )
```

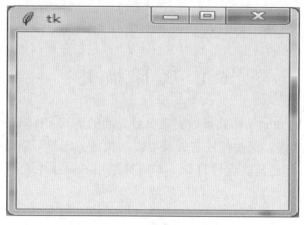

图 6-1　运行结果

　　前面创建的窗口只是一个容器，在这个容器中还可以添加其他元素。在 Python 程序中，使用 Tkinter 创建窗口后，可以向窗口中添加组件元素。组件与窗口一样，也是通过 Tkinter 模块中相应的组件函数生成的。在生成组件以后，就可以使用 pack、grid 或 place 等方法将它添加到窗口中。下面的实例文件 zu. py 演示了使用 Tkinter 向窗体中添加组件的过程，代码如下：

```
实例文件 zu. py
import tkinter #导入 Tkinter 模块
root = tkinter. Tk( ) #生成一个主窗口对象
#实例化标签组件
label = tkinter. Label( root, text = "Python, tkinter!")
label. pack( ) #将标签添加到窗口中
button1  = tkinter. Button( root, text = "按钮 1") #创建按钮 1
button1. pack( side = tkinter. LEFT) #将按钮 1 添加到窗口中
button2 = tkinter. Button( root, text = "按钮 2") #创建按钮 2
button2. pack( side = tkinter. RIGHT) #将按钮 2 添加到窗口中
root. mainloop( ) #进入消息循环
```

　　在上述实例代码中，分别实例化了 Tkinter 模块中的一个标签组件和两个按钮组件，然后调用 pack( ) 方法将这三个组件添加到主窗口中。执行文件 zu. py 后的运行结果如图 6-2 所示。

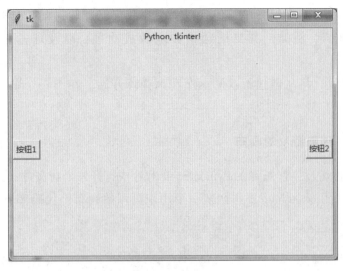

图 6-2　运行结果

到目前为止，已经介绍了计算机编程的基础知识，学会了如何使用变量来存储信息，使用带有 if 条件的代码，还有用 for 循环来重复执行代码等。那么，现在就可以创建函数来重用代码，利用 tkinter 模块来绘制图形，创建你的第一个游戏程序了。

6.4　任　　务

6.4.1　任务 1：击打反弹球

本任务要开发一个由反弹球和球拍构成的游戏。球会在屏幕上飞过来，玩家要用球拍把它弹回去。如果球落到了屏幕底部，那么游戏就结束了。图 6-3 是游戏完成后的预览。

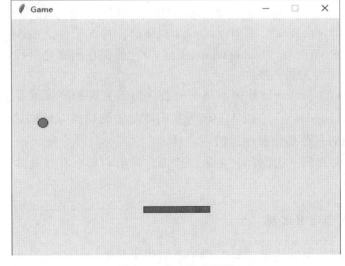

图 6-3　弹球游戏预览

这个游戏可能看起来很简单，但代码仍会比我们已经写过的更加棘手，因为它需要处理很多的事情。例如，需要把球拍和球做成动画，以及球击中球拍或墙壁的检测。

在这个项目里，将从创建游戏的画布和画弹球开始。在下一个项目，会加主球拍来完成这个游戏。

6.4.2　任务 2：创建游戏的画布

要创建自己的游戏，首先要在 Python Shell 程序中打开一个新文件（选择"文件→新建窗口"）。然后引入 tkinter，并创建一个用来画图的画布，代码如下：

```
from tkinter import *
import random
import time
tk = Tk()
tk.title("Game")
tk.resizable(0,0)
tk.wm_attributes("-topmost",1)
canvas = Canvas(tk,width=500,height=400,bd=0,highlightthickness=0)
canvas.pack()
tk.update()
```

这和前面的例子有些不同。首先，用"import random"和"import time"引入了 time 模块和 random 模块，留着以后用。

通过"tk.title("Game")"，用 tk 对象中的 title 函数给窗口加上一个标题，tk 对象是由 tk == Tk() 创建的。然后用 resizable 函数来使窗口的大小不可调整。其中参数为"0"，"0"的意思是：窗口的大小在水平方向上和垂直方向上都不能改变。接下来，调用"wm_atibutes"来告诉 tkinter 把包含画布的窗口放到所有其他窗口之前（-topmost）。

注意：当用"canvas ="来创建 canvas 对象时，传入了比之前例子更多的具名函数。比方说，"bd=0"和"highlightthickness=0"确保在画布之外没有边框，这样会让游戏屏幕看上去更美观一些。

"canvas.pack()"这一行让画布按前一行给出的宽度和高度的参数来调整其自身大小。然后，"tk.update()"让 tkinter 为我们游戏中的动画做好初始化。如果没有最后这一行，看到的东西都会和期望的不一样。

要记得一边写代码一边保存。在第一次保存时给它起个有意义的名字，例如 paddlebal l.py。

6.4.3　任务 3：创建 Ball 类

现在要创建球的类，从把球画在画布上的代码开始。

（1）创建一个称为 Ball 的类，它有两个参数，一个是画布，另一个是球的颜色。

（2）把画布保存到一个对象变量中，因为要在它上面画球。

（3）在画布上画一个用颜色参数作为填充色的小球。

（4）把 tkinter 画小球时所返回的 ID 保存起来，因为要用它来移动屏幕上的小球。

下面这段代码应该加在文件中头两行代码的后面（在 import time 的后面）：

```
①class Ball：
②      def_init_(self,canvas,color)：
③            self. canvas = canvas
④            self. id = canvas. create_oval(10,10,25,25,fill=color)
⑤            self. canvas. move(self. id,245,100)
      def draw(self)：
            pass
```

在①处把类命名为 Ball。然后在②处创建一个初始化函数，它有两个参数，分别是画布 canvas 和颜色 color。在③处把参数 canvas 赋值给对象变量 canvas。

在④处，调用 create_oval 函数，其中用到五个参数：左上角的 x、y 坐标（10 和 10），右下角的 x、y 坐标（25 和 25），最后是椭圆形的填充颜色。

函数 create_oval 返回它刚画好的这个形状的 ID，把它保存到对象变量中。在⑤处，把椭圆形移到画布的中心（坐标位置 245，100）。画布之所以知道要移动什么，是因为用保存好的形状 ID 来标识它。

在 Ball 类的最后两行，用"def draw(selt)"创建了的 draw 函数，其函数体只是一个 pass 关键字。目前它什么也不做，稍后会给这个函数增加更多的内容。

既然已经创建了一个 Ball 类，就需要建立一个这个类的对象（还记得吗？类描述了它做什么，但是实际上是对象在做这些事情）。把下面的代码加到程序的最后来创建一个红色小球对象：

```
Ball = Ball( canvas, 'red')
```

如果现在就用"运行→运行模块"来运行程序，画布会出现一下然后马上消失。要防止窗口马上关闭，需要增加一个动画循环，把它称为游戏的"主循环"。

主循环是程序的中心部分，一般地它控制程序中大部分的行为。主循环目前只是让 tkinter 重画屏幕。这个循环一直运行下去（或者说直到关闭窗口前），不停地让 tkinter 重画屏幕，然后休息百分之一秒。要把它加到程序的最后面，代码如下：

```
ball = Ball( canvas, 'red')
while 1：
    tk. update_idletasks( )
```

```
tk. update( )
time. sleep( 0. 01 )
```

如果运行这段代码，小球就应该出现在画布差不多中间的位置，如图 6-4 所示。

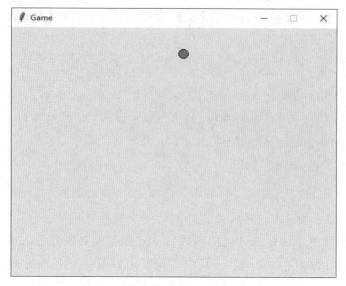

图 6-4   创建小球

6.4.4   任务 4：增加几个动作

现在已经做出了小球的类，下面该让小球动起来了，要让小球移动、反弹，并改变方向。

6.4.4.1   让小球移动

要让小球移动，需要修改 draw 函数，代码如下：

```
class Ball：
def_init_( self,canvas,color) :
    Self. canvas = canvas
    Self. id = canvas. create_oval( 10,10,25,25,fill = color)
def draw( self) :
    Self. canvas. move( Self. id,0,-1)
```

因为 "_init_" 把 canvas 参数保存为对象变量 canvas 了，可以用 self. canvas 来使用这个变量，然后调用画布上的 move 函数。

给 move 传 3 个参数：id 是椭圆形的 lD，还有数字 0 和-1。其中 "0" 是指不要水平移动，"-1"是指在屏幕上向上移动 1 个像素。

一次只对程序做这么小的一点改动，这是因为最好一边做代码一边试验它是否好用。假如一次性把游戏的所有代码都写好，然后才发现它不工作，那么要到哪里去找原因呢？

另一处改动在程序后部的主循环里。在 while 循环的语句模块里（这个就是主循环），增加一个对小球对象 draw 函数的调用，代码如下：

```
While 1 :
Ball. draw( )
tk. update_idletasks(. )
tk. update( )
time. sleep(0.01)
```

如果现在运行代码，小球会在画布上向上移动，然后消失，因为代码强制 tkinter 快速重画屏幕（"update_idletasks" 和 "update" 这两个命令让 tkinter 快一点把画布上的东西画出来）。

"Time. sleep" 这个命令是对 Time 模块的 sleep 函数的调用，它让 Python 休息百分之一秒（0.01s）。它确保程序不会运行得过快，以至于还没看见它，它就消失了。所以，这个循环就是：把小球移动一点点，在新的位置重画屏幕，休息一会儿，然后从头再来。

在关闭游戏窗口时，可能会见到 shell 程序中打印出错误信息。这是因为当关闭窗口时，代码要强行从 while 循环中跳出来，Python 觉得"不爽"。

游戏代码现在看上去应该是这样的：

```
from tkinter import *
import random
import time


class Ball :
    def_init_(self,canvas,color) :
        self. canvas = canvas
        self. id = canvas. create_oval(10,10,25,25,fill=color)
        self. canvas. move(self. id,245,100)

    def draw(self) :
        self. canvas. move(self. id,0,-1)

tk = Tk( )
```

```
tk. title("Game")
tk. resizable(0,0)
tk. wm_attributes("-topmost",1)
canvas = Canvas(tk, width = 500, height = 400, bd = 0, highlightthickness = 0)
canvas. pack()
tk. update()
ball = Ball(canvas, 'red')
while 1:
    ball. draw()
    tk. update_idletasks()
    tk. update()
    time. sleep(0.01)
```

6.4.4.2　让小球来回反弹

如果小球只是走到屏幕顶端消失，这样的游戏可没什么意思，所以要让它能够反弹。在小球 Ball 类的初始化函数里再加上几个对象变量，代码如下：

```
def init_(self, canvas, color):
  self. canvas = canvas
  self. id = canvas. create_oval(10,10,25,25, fill = color)
  self. canvas. move(self. id, 245,100)
  self. x = 0
  self. y = -1
  self. canvas_height = self. canvas. winfo_height()
```

给程序加上 3 行代码。其中"self. x = 0"给对象变量 x 赋值为 0，然后 self. y = -1 给对象 y 赋值为-1。最后，调用画布上的"winfo_height"函数来获取画布当前的高度，并把它赋值给对象变量"canvas_height"。

接下来，再次修改 draw 函数，代码如下：

```
def draw(self):
① self. canvas. move(self. id, self. x, self. y)
②    pos = self. canvas. coords(self. id)
③    if pos[1] <= 0:
        self. y = 1
④    if pos[3] >= self. canvas_height:
        self. y = -1
```

在①处，把对画布上 move 函数的调用改为传入变量 x 和 y。接下来，在②处创建变量 pos，把它赋值为画布函数 coords。这个函数通过 ID 来返回画布上任何画好的东西当前的 x 和 y 坐标。在这里，给 coords 传入对象变量 ID，它就是那个圆形的 ID。

coords 函数返回一个由 4 个数字组成的列表来表示坐标。如果把函数调用的结果打印出来，代码就是这样的：

```
print ( self. canvas. coords( self. id)
[255.0,29.0,270.0,44.0]
```

其中列表中前两个数字（255.0 和 29.0）包含椭圆形左上角的坐标（x1 和 y1），后两个（270.0 和 44.0）是右下角 x2 和 y2 的坐标。会在下面的几行代码中用到这些值。

在③处，判断 y1 坐标（就是小球的顶部）是否小于等于 0。如果是，把对象变量 y 设置为 1。这么做的效果就是如果小球撞到了屏幕的顶部，它将不再继续从纵坐标减 1，这样它就不再继续向上移动了。

在④处，判断 y2 坐标（就是小球的底部）是否大于或等于变量“canvas_height”，即画布高度。如果是，把对象变量 y 设置为-1。

现在运行这段代码，小球应该在画布上上下弹跳，直到关闭窗口。

6.4.4.3　改变小球的起始方向

只是让小球慢慢地上蹿下跳还算不上是什么游戏，来使它更强大一点，改变它的起始方向，也就是游戏开始时小球飞行的角度。

在“_init_”函数里，修改这两行代码：

```
self. x = 0
self. y = -1
```

改成下面这样（要确保每行开头的空格数都是 8 个）：

```
①starts = [-3,-2,-1,1,2,3]
②          random. shuffle( starts)
③          self. x = starts[0]
④          self. y = -3
```

在第①行，创建了变量 starts，它是一个由 6 个数字组成的列表，然后在第②行用“random. shuffle”来把它混排一下。在第③行，把 x 的值设为列表中的第一个元素，所以 x 有可能是列表中的任何一个值，从-3 到 3。

如果在第④行把 y 改成-3（让小球飞快一点），需要再改动几个地方来保证小球不会从屏幕两边消失。在_init_函数的结尾加上下面的代码来把画布的宽度保存到一个新的对象变量 canvas_width 中：

```
self. canvas_width = self. . canvas. winfo_width( )
```

在 draw 函数中使用这个新对象变量来判断小球是否撞到了画布的顶部或底部，代码如下：

```
if pos[1] <= 0:
            self. y = 3
        if pos[3] >= self. canvas_height:
            self. y = -3
```

既然把 x 从 3 改成-3，也要对 y 做同样的操作，这样小球才能在各个方向上速度一致。现在 draw 函数应该是这样的：

```
def draw( self):
        self. canvas. move( self. id, self. x, self. y)
        pos = self. canvas. coords( self. id)
        if pos[1] <= 0:
            self. y = 3
        if pos[3] >= self. canvas_height:
            self. y = -3
        pos[0] <= 0:
        self. x = 3
        if pos[2] >= self. canvas_width:
        self. x = -3
```

保存并运行代码，现在小球应该四处弹来弹去，不会消失了。整个程序应该是这样的：

```
from tkinter import *
import random
import time

class Ball:
    def _init_( self, canvas, color):
        self. canvas = canvas
        self. id = canvas. create_oval( 10, 10, 25, 25, fill=color)
        self. canvas. move( self. id, 245, 100)
```

```
starts = [-3,-2,-1,1,2,3]
random. shuffle(starts)
self. x = starts[0]
self. y = -3
self. canvas_height = self. canvas. winfo_height()
self. canvas_width = self. canvas. winfo_width()

def draw(self):
    self. canvas. move(self. id, self. x, self. y)
    pos = self. canvas. coords(self. id)
    if pos[1] <= 0:
        self. y = 3
    if pos[3] >= self. canvas_height:
        self. y = -3
    if pos[0] <= 0:
        self. x = 3
    if pos[2] >= self. canvas_height:
        self. x = -3
tk = Tk()
tk. title("Game")
tk. resizable(0,0)
tk. wm_attributes("-topmost",1)
canvas = Canvas(tk, width = 500, height = 400, bd = 0, highlightthickness = 0)
canvas. pack()
tk. update()
ball = Ball(canvas, 'red')

while 1:
    ball. draw()
    tk. update_idletasks()
    tk. update()
    time. sleep(0.01)
```

6.5　小结与拓展

tkinter 框架的基本结构，包括基本框架和按类定义的框架。

6.5.1　基本框架

一个基本的 tkinter 框架应该包含如下部分：

（1）导入 tkinter 库。

（2）创建一个窗口，调整窗口的参数。

（3）设置 Widgets（控件）。

（4）加载窗口主循环，让窗口显示。

代码如下：

```
·import tkinter as tk
·#创建窗口
·window = tk.Tk()
·#设置窗口属性
·window.title('window xp')
·window.geometry('500x300')    #注意,500 和 300 中间是小写字母 x
·#设置控件
·quitButton = tk.Button(window,text = 'Quit',command = window.quit)
·quitButton.grid()
·#开启窗口主循环
·window.mainloop()
```

6.5.2　按类定义的框架

按类定义框架需要包含以下几个部分：

（1）导入 tkinter 库。

（2）定义主类。

（3）主类从 Frame 类继承。

（4）主类初始化。

（5）初始化 Frame 框架。

（6）创建布局。

（7）调用创建控件的方法。

（8）定义创建控件的方法。

（9）创建主类对象，设置对象窗口属性。

（10）加载对象窗口主循环，让窗口显示。

代码如下：

```
·import tkinter as tk
·#定义主类
```

```
· class App( tk. Frame) : #从 Frame 类继承
·     #主类初始化
·     def _init_( self, master = None) :
·          #初始化框架
·          tk. Frame. _init_( self, master)
·          #创建布局
·          self. grid( )
·          #调用创建控件的方法
·          self. createWidgets( )
·     #定义创建控件的方法
·     defcreateWidgets( self) :
·          #创建一个按钮
·          self. quitButton = tk. Button( self, text = 'Quit', command = self. quit)
·          self. quitButton. grid( )
· #创建一个对象
· app = App( )
· #设置对象窗口属性
· app. master. title( 'window xp')
· app. master. geometry( '500x300')
· #开启对象窗口主循环
· app. mainloop( )
```

小型窗口的创建只需要使用最基本的框架即可。但是，如果需要创建的窗口过于复杂，还是应该选择基于类来创建窗口，便于调试。

主窗口常用参数如下：

```
window = tk. Tk( ) #生成主窗口。

window. title( 'name') #修改主窗口标题,也可以在创建时用 className 参数命名。

window. geometry( '500x300') #指定主窗口大小。

window. resizable( 0,0) #窗口大小的可调性,分别表示 x,y 方向的可变性(默认完全可调)。

window. quit( ) #退出窗口。

window. update_idletasks( ) #刷新控件的事件。

window. update( ) #刷新页面。
```

在这个项目中，开始用 tkinter 模块写第一个计算机游戏。本项目创建了一个小球的类，把它做成动画在屏幕上四处移动；用坐标来检查小球是否撞到画布的边缘，这样就可以让它弹回去；还使用了 random 模块中的 shuffle 函数，这样小球就不会每次总是从一开始向同一个方向移动。在下一个项目里，会加上球拍来完成这个游戏。

6.6　思考与训练

（1）使用 tkinter 并创建一个以中文命名的画布。

（2）利用 tkinterg 画一个半径为 50cm 的圆、一个五角星，五角星为红色。

（3）开发一个图形信息记录界面。

（4）用 tkinter 写一个程序，在屏幕上画满三角形，然后修改代码使屏幕上的三角形填充不同颜色。

项目 7　游戏——反弹吧，小球

7.1　项　目　描　述

在上一个项目里，创建了小球，这一个项目里开始写第二个游戏：反弹球！创建一个画布，并在游戏代码中加上一个弹来弹去的小球。但是，小球只是这样一直在屏幕上弹来弹去（直到关闭窗口或者至少关闭电脑），这样可算不上是什么游戏。现在，要增加一个球拍给玩家用，还要给游戏增加一个偶然因素，这样会增加一些游戏的难度，也会更好玩。

7.2　项　目　目　标

（1）通过函数创建一个球拍。
（2）掌握 tkinter 布局，按键绑定键盘事件。
（3）通过判断语句，判断小球 x、y 位置是否超出左右边界。
（4）通过函数判断小球是否击中球拍。
（5）函数中增加变量对象，学会改变 if 语句，判断小球是否碰底结束。
（6）了解 tkintre 组件及属性。

7.3　理　论　知　识

7.3.1　tkinter 组件

tkinter 提供的各种控件，如按钮、标签和文本框，可以在一个 GUI 应用程序中使用，这些控件通常被称为控件或者部件。目前有 15 种 tkinter 的部件。tkinter 中，每个部件都是一个类，创建某个部件其实就是将这个类实例化。在实例化的过程中，可以通过构造函数给组件设置一些属性，同时还必须给该组件指定一个父容器，意即该组件放置何处。最后，还需要给组件设置一个几何管理器（布局管理器），解决放哪里的问题，还需要解决怎么放的问题。而布局管理器就是解决怎么放的问题，即设置子组件在父容器中的放置位置。提出这些部件并做出简短的介绍，见表 7-1。

表 7-1   tkinter 组件

控件	描述
Button	按钮控件；在程序中显示按钮
Canvas	画布控件；显示图形元素如线条或文本
Checkbutton	多选框控件；用于在程序中提供多项选择框
Entry	输入控件；用于显示简单的文本内容
Frame	框架控件；在屏幕上显示一个矩形区域，多用来作为容器
Label	标签控件；可以显示文本和位图
Listbox	列表框控件；在 Listbox 窗口小部件是用来显示一个字符串列表给用户
Menubutton	菜单按钮控件，用于显示菜单项
Menu	菜单控件；显示菜单栏，下拉菜单和弹出菜单
Message	消息控件；用来显示多行文本，与 label 比较类似
Radiobutton	单选按钮控件；显示一个单选的按钮状态
Scale	范围控件；显示一个数值刻度，为输出限定范围的数字区间
Scrollbar	滚动条控件，当内容超过可视化区域时使用，如列表框
Text	文本控件；用于显示多行文本
Toplevel	容器控件；用来提供一个单独的对话框，和 Frame 比较类似
Spinbox	输入控件；与 Entry 类似，但是可以指定输入范围值
PanedWindow	PanedWindow 是一个窗口布局管理的插件，可以包含一个或者多个子控件
LabelFrame	Labelframe 是一个简单的容器控件；常用于复杂的窗口布局
tkMessageBox	用于显示应用程序的消息框

7.3.2   tkinter 标准属性

标准属性也就是所有控件的共同属性，如大小，字体和颜色等，见表 7-2。

表 7-2   tkinter 的标准属性

属　性	描　述
Dimension	控件大小
Color	控件颜色
Font	控件字体
Anchor	锚点
Relief	控件样式
Bitmap	位图
Cursor	光标

7.4 任　务

7.4.1   任务 1：加上球拍

如果没有东西来击打弹回小球，这样的游戏可没什么意思。让我们来加上一个球拍吧！

首先在 Ball 类后面加上下面的代码，来创建一个球拍（要在 Ball 的 draw 函数后面另起一行）：

```
def draw(self):
        self.canvas.move(self.id, self.x, self.y)
        pos = self.canvas.coords(self.id)
        if pos[1] <= 0:
            self.y = 3
        if pos[3] >= self.canvas_height:
            self.y = -3
        pos[0] <= 0:
        self.x = 3
        if pos[2] >= self.canvas_width:
            self.x = -3
class Paddle:
    def_init_(self, canvas, color):
        self.canvas = canvas
        self.id = canvas.create_rectangle(0, 0, 100, 10, fill=color)
        self.canvas.move(self.id, 200, 300)
    def draw(self):
        pass
```

这些新加的代码几乎和 Ball 类一模一样，只是调用了"create_rectangle"（而不是"create_oval"），而且把长方形移到坐标（200，300）（横向 200 像素，纵向 300 像素）。

接下来，在代码的最后，创建一个 Paddle 类的对象，然后改变主循环来调用球拍的 draw 函数，代码如下：

```
paddle = Paddle(canvas, 'blue')
ball = Ball(canvas, 'red')

while 1:
    ball.draw()
    paddle.draw()
tk.update_idletasks()
tk.update()
time.sleep(0.01)
```

如果现在运行游戏，应该可以看到反弹小球和一个静止的球拍，如图 7-1 所示。

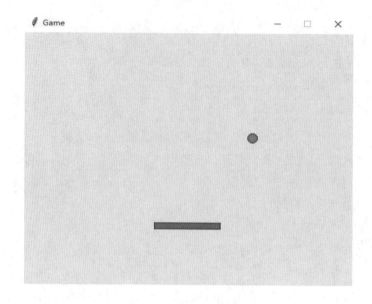

图 7-1　添加球拍

7.4.2　任务 2：让球拍移动

要想让球拍左右移动，要用事件绑定来把左右方向键绑定到 Paddle 类的新函数上。当按下向左键时，变量 x 会被设置为−2（向左移），按下向右键时把变量 x 设置为 2（向右移）。

首先要在 Paddle 类的 _init_ 函数中加上对象变量 x，还有一个保存画布宽度的变量，这和在 Ball 类中做的一样，代码如下：

```
def_init_( self,canvas,color):
        self.canvas = canvas
        self.id = canvas.create_rectangle( 0,0,100,10,fill=color)
        self.canvas.move( self.id,200,300)
        self.x = 0
        self.canvas_width = self.canvas.winfo_width( )
```

现在需要两个函数来改变向左（turn_left）和向右（turn_right）的方向。把它们加在 draw 函数的后面，代码如下：

```
def turn_left( self,evt):
        self.x = -2
    def turn_right( self,evt):
        self.x = 2
```

可以在类的_init_函数中用以下两行代码来把正确的按键绑定到这两个函数上。在这里使用绑定让 Python 在按键按下时调用一个函数。在这里，把 Paddle 类中的函数"turn_left"绑定到左方向键，它的事件名为 '<KeyPress-Left>'。然后把函数"turn_right"绑定到右方向键，它的事件名为 '<KeyPress-Right>'。现在，_init_ 函数成了这样的代码：

```
def_init_(self,canvas,color):
        self.canvas = canvas
        self.id = canvas.create_rectangle(0,0,100,10,fill=color)
        self.canvas.move(self.id,200,300)
        self.x = 0
        self.canvas_width = self.canvas.winfo_width()
self.canvas.bind_all('<KeyPress-Left>',self.turn_left)
        self.canvas.bind_all('<KeyPress-Right>',self.turn_right)
```

Paddle 类的 Draw 函数和 Ball 类的差不多,代码如下:

```
def draw(self):
        self.canvas.move(self.id,self.x,0)
        pos = self.canvas.coords(self.id)
        if pos[0] <=0:
            self.x = 0
        elif pos[2] >= self.canvas_width:
            self.x = 0
```

用画布的 move 函数在变量 x 的方向上移动球拍，代码为"self.canvas.move(self.id, self.x, 0)"。然后，得到球拍的坐标来判断它是否撞到了屏幕的左右边界。

然而球拍并不应该像小球一样弹回来，它应该停止运动。所以，当左边的 x 坐标（pos[0]）小于或等于 0 时（<=0），用"self.x = 0"来把变量 x 设置为 0。同样地，当右边的 x 坐标（pos[2]）大于或等于画布的宽度时（>= self.canvas_width），也要用"self.x= 0"来把变量也设置为 0。

如果现在运行程序，需要先点击一下画布，这样游戏才能识别出左右方向键动作。点击画布让画布得到焦点，也就是说当有人在键盘上按下某键时它将接管过来。

7.4.3 任务 3: 判断小球是否击中球拍

到目前为止，小球不会撞到球拍上。实际上，小球会从球拍上直接飞过去。小球需要知道它是否撞上了球拍，就像小球要知道它是否撞到墙上一样。

可以在 draw 函数里加些代码来解决这个问题（已经在那里检查是否撞到了墙上），但最好还是把这段代码加到一个新函数里，把代码拆成小段。如果在一个地方写了太多的代码（比方说在一个函数里），会让代码变得难以理解。现在来做这个必要的修改。

首先，修改小球的_init_函数，这样就可以把球拍 paddle 对象作为参数传给它，代码如下：

```
class Ball：
①      def_init_(self, canvas, paddle, color)：
            self. canvas = canvas
②            self. paddle = paddle
            self. id = canvas. create_oval(10,10,25,25,fill=color)
            self. canvas. move(self. id,245,100)
            starts = [-3,-2,-1,1,2,3]
            random. shuffle(starts)
            self. x = starts[0]
            self. y = -3
            self. canvas_height = self. canvas. winfo_height()
            self. canvas_width = self. canvas. winfo_width()
```

注意：在①处修改"_init_"的参数，加上球拍；然后在②处，把球拍 paddle 参数赋值给对象变量 paddle。

保存了 paddle 对象后，要修改创建小球 ball 对象的代码。这个改动在程序的底部、在主循环之前，代码如下：

```
paddle = Paddle(canvas, 'blue')
ball = Ball(canvas, paddle, 'red')

while 1：
    if ball. hit_bottom == False：
        ball. draw()
        paddle. draw()
    tk. update_idletasks()
    tk. update()
    time. sleep(0. 01)
```

判断小球是否击打到了球拍的代码比判断是否撞到墙上的代码要复杂一些。把这个函数称为 hit_paddle，并把它加到 BaII 类的 draw 函数中，也就是判断小球是否撞到屏幕底部的那个地方，代码如下：

```
def draw(self):
        self.canvas.move(self.id,self.x,self.y)
        pos = self.canvas.coords(self.id)
        if pos[1] <= 0:
            self.y = 3
        if pos[3] >= self.canvas_height:
            self.hit_bottom = True
        if self.hit_paddle(pos) == True:
            self.y = -3
        if pos[0] <= 0:
            self.x = 3
        if pos[2] >= self.canvas_height:
            self.x = -3
```

新增的这段代码的含义是：如果 hit_paddle 返回真的话，就把对象变量用self.y = -3 来变成-3，从而让它改变方向。但是现在还不能运行游戏，因为还没有创建 hit_paddle函数。

把 hit_paddle 函数写在 draw 函数之前，代码如下：

```
①    def hit_paddle(self,pos):
②        paddle_pos = self.canvas.coords(self.paddle.id)
③        if pos[2] >= paddle_pos[0] and pos[0] <= paddle_pos[2]:
④            if pos[3] >= paddle_pos[1] and pos[3] <= paddle_pos[3]:
                return True
        return False
```

首先，在①处定义 hit_paddle 函数，它有一个参数 pos。这一行包含了小球的当前坐标。然后，在②处，得到拍子的坐标并把它们放到变量"paddle_pos"中。在③处是第一部分的 if 语句，它的意思是"如果小球的右侧大于球拍的左侧，并且小球的左侧小于球拍的右侧……"。其中"pos[2]"包含了小球右侧的 x 坐标，"pos[0]"包含了左侧的 x 坐标。变量"paddle_pos[0]"包含了球拍左侧的 x 坐标，"paddle_pos[2]"包含了右侧的 x 坐标。图 7-2 显示了在小球快要撞到拍子时的这些坐标。

小球正在往球拍方向落下，但是，小球的右侧（pos[2]）还没有穿过球拍的左侧（paddle_pos[0]）。在④处，判断小球的底部（pos[3]）是否在球拍的顶部（paddle_pos[1]）和底部（paddle_pos[3]）之间。在图 7-3 中，可以看到小球的底部（pos[3]）还没有撞到球拍的顶部（paddle_pos[1]）。

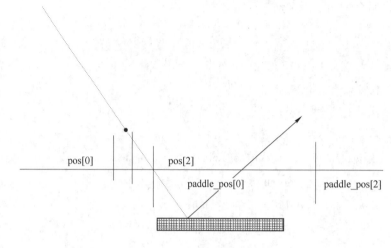

图7-2　小球与球拍的坐标

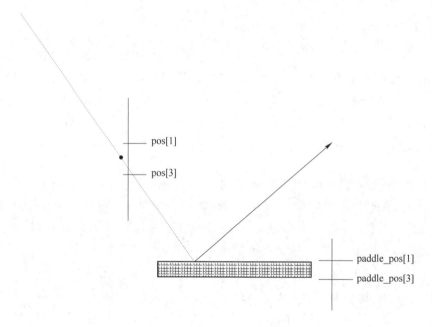

图7-3　小球还未撞到球拍

因此，基于现在小球的位置，hit_paddle函数会返回"False"。

为什么要看小球的底部是否在球拍的顶部和底部之间呢？为什么不只是判断小球的底部是否打到了球拍的顶部？因为小球在屏幕上每次移动3个像素，如果只检查小球是否到达了球拍（pos[1]），可能已经跨过了那个位置。这样小球仍会继续前进移动，穿过球拍，不会停止。

7.4.4　任务4：增加输赢因素

现在要把程序变成一个好玩的游戏，而不只是弹来弹去的小球和一个球拍。游戏中都需要一点输赢因素，让游戏者有可能输掉。在现在的游戏里，小球会一直弹来弹去，所以没有输赢的概念。

通过添加代码完成这个游戏，如果小球撞到了画布的底端（也就是落在了地上），游戏就结束了。

首先，在 Ball 类_init_函数的后面增加一个 hit_bottom 对象变量，代码如下：

```
self. canvas. winfo_height()
    self. canvas_width = self. canvas. winfo_width()
    self. hit_bottom = False
```

然后，修改程序最后的主程序，代码如下：

```
while 1：
    if ball. hit_bottom == False：
        ball. draw()
        paddle. draw()
    tk. update_idletasks()
    tk. update()
    time. sleep(0. 01)
```

现在，循环会不断地检查小球是否撞到了屏幕的底端（hit_bottom）。假设小球还没有碰到底部，代码会让小球和球拍一直移动，正如在 if 语句中看到的一样。只有在小球没有触及底端时才会移动小球和球拍。当小球和球拍停止运动时游戏就结束了（不再让它们动了）。

最后对 Ball 类的 draw 函数进行修改，代码如下：

```
def draw(self)：
        self. canvas. move(self. id, self. x, self. y)
        pos = self. canvas. coords(self. id)
        if pos[1] <= 0：
            self. y = 3
        if pos[3] >= self. canvas_height：
            self. hit_bottom = True
        if self. hit_paddle(pos) == True：
            self. y = -3
        if pos[0] <= 0：
            self. x = 3
        if pos[2] >= self. canvas_height：
            self. x = -3
```

上面的代码中改变了一条 if 语句，来判断小球是否撞到了屏幕的底部（也就是它是否大于或等于 canvas_height）。如果是，在下面一行，把"hit_bottom"设置为"True"，而不再是改变变量 y 的值。因为一旦小球撞到屏幕的底部，它就不用再弹回去了。

现在运行游戏程序，如果没用球拍打到小球，屏幕上的画面就都不动了，小球一旦碰到了画布的底端，游戏就结束了，如图 7-4 所示。

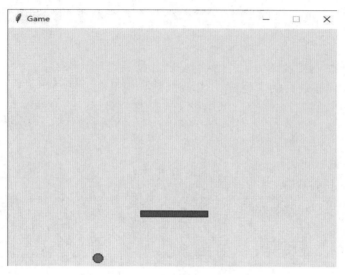

图 7-4　游戏结束

程序代码应该和下面的一样。如果游戏运行不起来，按照下面的代码来检查一下代码。

```
from tkinter import *
import random
import time


class Ball:
    def_init_(self, canvas, paddle, color):
        self.canvas = canvas
        self.paddle = paddle
        self.id = canvas.create_oval(10, 10, 25, 25, fill=color)
        self.canvas.move(self.id, 245, 100)
        starts = [-3, -2, -1, 1, 2, 3]
        random.shuffle(starts)
        self.x = starts[0]
        self.y = -3
```

```
            self. canvas_height = self. canvas. winfo_height( )
            self. canvas_width = self. canvas. winfo_width( )
            self. hit_bottom = False


        def hit_paddle( self, pos) :
            paddle_pos = self. canvas. coords( self. paddle. id)
            if pos[2] >= paddle_pos[0] and pos[0] <= paddle_pos[2] :
                if pos[3] >= paddle_pos[1] and pos[3] <= paddle_pos[3] :
                    return True
                return False


        def draw( self) :
            self. canvas. move( self. id, self. x, self. y)
            pos = self. canvas. coords( self. id)
            if pos[1] <= 0 :
                self. y = 3
            if pos[3] >= self. canvas_height :
                self. hit_bottom = True
            if self. hit_paddle( pos) = = True :
                self. y = -3
            if pos[0] <= 0 :
                self. x = 3
            if pos[2] >= self. canvas_height :
                self. x = -3


class Paddle :
    def_init_( self, canvas, color) :
        self. canvas = canvas
        self. id = canvas. create_rectangle( 0, 0, 100, 10, fill = color)
        self. canvas. move( self. id, 200, 300)
        self. x = 0
        self. canvas_width = self. canvas. winfo_width( )
        self. canvas. bind_all( '<KeyPress-Left>', self. turn_left)
        self. canvas. bind_all( '<KeyPress-Right>', self. turn_right)
```

```
    def draw( self):
        self. canvas. move( self. id, self. x, 0)
        pos = self. canvas. coords( self. id)
        if pos[0] <= 0:
            self. x = 0
        elif pos[2] >= self. canvas_width:
            self. x = 0

    def turn_left( self, evt):
        self. x = -2
    def turn_right( self, evt):
        self. x = 2


tk = Tk()
tk. title( "Game")
tk. resizable( 0, 0)
tk. wm_attributes( "-topmost", 1)
canvas = Canvas( tk, width = 500, height = 400, bd = 0, highlightthickness = 0)
canvas. pack()
tk. update()


paddle = Paddle( canvas, 'blue')
ball = Ball( canvas, paddle, 'red')


while 1:
    if ball. hit_bottom == False:
        ball. draw()
        paddle. draw()
    tk. update_idletasks()
    tk. update()
    time. sleep( 0. 01)
```

7.5　小结与拓展

7.5.1　认识 Pygame（Python 库）进行游戏开发的知识

（1）Pygame 是一组跨平台的 Python 模块，用于创建视频游戏。

（2）它由旨在与 Python 编程语言一起使用的计算机图形和声音库组成。

（3）Pygame 由 Pete Shinners 正式编写，以取代 PySDL。

（4）Pygame 适合于创建客户端应用程序，这些应用程序可以包装在独立的可执行文件中。

7.5.1.1　Pygame 的先决条件

（1）在学习 Pygame 之前，需要了解要开发哪种游戏。

（2）要学习 Pygame，必须具有 Python 的基本知识。

7.5.1.2　Pygame 安装

（1）在 Windows 中安装 Pygame。

（2）在安装 Pygame 之前，应先在系统中安装 Python，最好安装 3.6.1 或更高版本，因为它对初学者更友好，并且运行速度更快。主要有两种安装 Pygame 的方法，方法如下：

1）通过 pip 安装：安装 Pygame 的好方法是使用 pip 工具（这是 Python 用于安装软件包的工具）。命令如下：

py -m pip install -Upygame --user

2）通过 IDE 安装：是通过 IDE 安装，使用 PyCharm IDE。在 PyCharm 中安装 Pygame 很简单。可以通过在终端中运行以上命令来安装它，方法如下：

检查 Pygame 是否已正确安装，在 IDLE 解释器中键入以下命令，然后按"Enter"键。

如果该命令成功运行且未引发任何错误，则表明已经成功安装了 Pygame，并找到了用于 Pygame 编程的正确 IDLE 版本。

7.5.2　简单的 Pygame 示例

以下是 Pygame 的简单程序，给出了语法的基本概念，代码如下：

```
import pygame


pygame. init( )
screen = pygame. display. set_mode( ( 400, 500) )
done = False


while not done:
    for event in pygame. event. get( ) :
        if event. type = = pygame. QUIT:
            done = True
pygame. display. flip( )
```

在这个项目里，用 tkinter 模块完成了第一个游戏程序。首先，创建了游戏中的球拍的类，用坐标来检查小球是否撞到了球拍或者游戏画布的边界；其次，用事件绑定来把左右方向键绑定到球拍的移动上，然后用主循环来调用 draw 函数制作动画效果；最后，给游戏加上了输赢因素，当游戏者没有接到球、小球落在画布的底端时游戏就结束了。

7.6　思考与训练

（1）游戏延时开始：如果游戏开始得太快了，需要先点击画布它才能识别左右键。能不能让游戏开始时有一个延时，这样游戏者有足够的时间来点击画布？或者，最好可以绑定一个鼠标点击 事件，游戏只有在游戏者点击后才开始。

提示 1：已经给 Paddle 类增加了事件绑定，可以考虑从那里开始。

提示 2：鼠标左键的事件绑定是字符串 '<Button-1>'。

（2）更好的"游戏结束"：现在游戏结束时画面就停下不动了，这对游戏者可不够友好。尝试当游戏结束时在屏幕底部写上文字"游戏结束"。可以用 create_ text 函数，其中有一个具名参数 state 很有用，它的值可以是 normal（正常）和 hidden（隐藏）。先自己学习 itemconfig 介绍，再来点挑战：增加一个延时，不要让文字马上跳出来。

（3）让小球加速：如果会打网球就知道当球撞到球拍后，有时它飞走的速度比来的时候还快，这要看挥拍时有多用力。我们游戏中小球的速度总是一样的，不论拍子是否移动，尝试改变程序把球拍的速度传递给小球。

（4）记录游戏者的得分：增加一个记分功能如何？每次小球击中球拍就加分。尝试把分数显示在画布的右上角，可能需要参考 itemconfig 函数。

（5）思考怎么使用 Pygame 来实现弹球游戏。

项目 8 Matplotlib 的安装与使用

8.1 项 目 描 述

Matplotlib 是超强的制图链接库。在本项目中，希望让感兴趣的读者建立一个使用 Python 来绘制统计图表、数学以及工程图的良好开端。另外，pillow 模块在图像处理方面有着非常强大的功能，对于想要通过 Python 来处理图像的读者是绝对不能错过的模块。有了以上两个模块的"鼎力支持"，就可以编写出自动帮图像文件加上中文水印的功能，在本项目中将有详细的说明。善于编写自己的小程序，有时候会比使用现成的应用程序来得更方便。

8.2 项 目 目 标

（1）了解 Matplotlib 的安装与使用。
（2）学会使用 Matplotlib 绘制各种常用简单图形。
（3）掌握 pillow 的安装与简单使用。
（4）学会批量处理简单图像文件。

8.3 理 论 知 识

8.3.1 Matplotlib 介绍

Matplotlib 的安装步骤也比较简单：
（1）Win + R 输入 cmd 进入到 CMD 窗口下，执行 python-m pip install-U pip setuptools 进行升级。
（2）输入 python-m pip install matplotlib 进行自动安装，系统会自动下载安装包；也可以先安装 Anaconda 这组完整的软件包。
图 8-1 是 Matplotlib 这个链接库的首页。
从网站上的介绍就可以了解它的功能，在其链接 gallery 中也有许多的成果展示，如图 8-2 是 Matplotlib 官网成果展示。

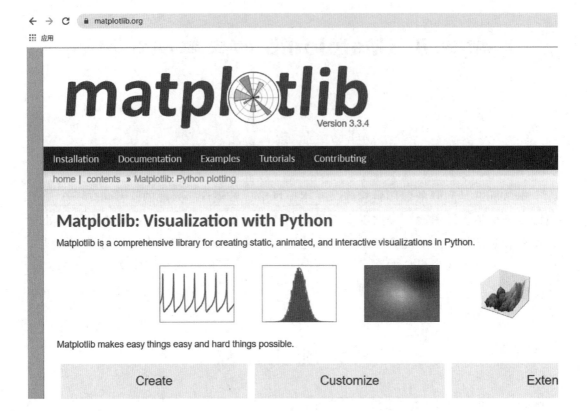

图 8-1　Matplotlib 链接的官网

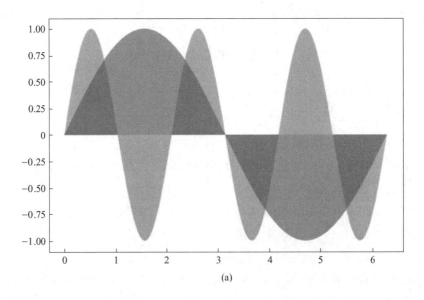

(a)

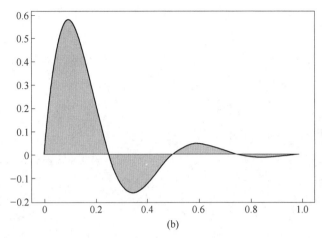

(b)

图 8-2 Matplotlib 官网成果展示

除此之外，还有许多的范例程序可以参考。要通过 Matplotlib 绘图，第一步就要先导入 pyplot 这个模块，方法如下：

import matplotlib. pyplot as pt

因为 pyplot 这个对象经常会使用到，所以以别名的方式重新命名 pt，之后的操作都以此名称为主。其实，可以把 pt 看作是一台绘图机，给它下达指令，它就会在一张虚拟的图表中绘出指定的内容，一直到调用"pt. show( )"才会显示在屏幕上。pyplot 中的所有可用指令，详列在官网的网址中（在官网中还提供了一本 2000 余页的电子书，可以下载后仔细研读），读者可以前往查阅。

使用 Matplotlib 的绘图顺序如下：

（1） import matplotlib. pyplot as pt。

（2） 设置 x 和 y 两个数值列表（列表才会有足够多有意义的数据可供给制图）。

（3） pt. plot(x，y)，除了 x 和 y 之外，还可以再加上一些其他的设置。

（4） pt. plot(x，y) 可以调用多次，每一次的调用就是画一组数据上去（基本上就是一条线或是一个图表，像是直方图或是饼图之类的元素）。

（5） 通过 pt. xlim( )、pt. ylim( ) 以及 pt. xlabel( ) 等函数对图表的参数进行设置。

（6） 以 pt. show( ) 输出到屏幕界面上。

8.3.2 认识 Matplotlib

8.3.2.1 Figure

在任何绘图之前需要一个 Figure 对象，可以理解成需要一张画板才能开始绘图，代码如下：

```
import matplotlib. pyplot as plt
fig = plt. figure( )
```

8.3.2.2 Axes

拥有 Figure 对象之后，在作图前还需要轴，没有轴就没有绘图基准，所以需要添加 Axes，也可以理解成为真正可以作图的纸，代码如下：

```
fig = plt.figure()
ax = fig.add_subplot(111)
ax.set(xlim = [0.5, 4.5], ylim = [-2, 8], title = 'An Example Axes',
        ylabel = 'Y-Axis', xlabel = 'X-Axis')
plt.show()
```

上面的代码，在一幅图上添加了一个 Axes，然后设置了这个 Axes 的 X 轴以及 Y 轴的取值范围（这些设置并不是强制的，后面会谈到这些设置），效果如图 8-3 所示。

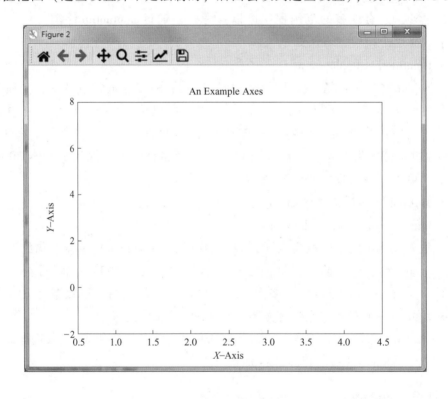

图 8-3 添加 Axes 后的效果

上面的 "fig.add_subplot(111)" 就是添加 Axes 的，参数的解释在画板的第一行第一列的第一个位置生成一个 Axes 对象来准备作画；也可以通过 "fig.add_subplot(221)" 的方式生成 Axes，前面两个参数确定了画板的划分，例如 2，2 会将整个画板划分成 2 * 2 的方格，第三个参数取值范围是 [1，2 * 2] 表示第几个 Axes。例如：运行如图 8-4 划分 Axes，代码如下：

```
import matplotlib. pyplot as plt
fig = plt. figure( )
ax = fig. add_subplot( 111)
ax. set( xlim = [0. 5 ,4. 5] , ylim = [ -2 ,8] , title = 'An Example Axes' ,
        ylabel = 'Y-Axis' , xlabel = 'X-Axis' )

fig = plt. figure( )
ax1 = fig. add_subplot( 221)
ax2 = fig. add_subplot( 222)
ax3 = fig. add_subplot( 224)
plt. show( )
```

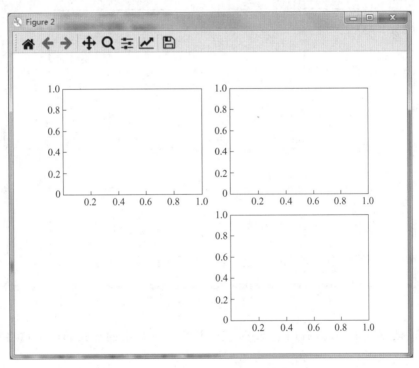

图 8-4　划分 Axes

8. 3. 2. 3　Multiple Axes

可以发现上面添加 Axes 似乎不够完善，所以提供了下面的方式一次性生成所有
Axes，如图 8-5 所示。其代码如下：

```
import matplotlib. pyplot as plt
fig = plt. figure( )
```

```
ax = fig. add_subplot(111)
ax. set(xlim = [0. 5, 4. 5], ylim = [-2, 8], title = 'An Example Axes',
        ylabel = 'Y-Axis', xlabel = 'X-Axis')
fig, axes = plt. subplots(nrows = 2, ncols = 2)
axes[0,0]. set(title = 'Upper Left')
axes[0,1]. set(title = 'Upper Right')
axes[1,0]. set(title = 'Lower Left')
axes[1,1]. set(title = 'Lower Right')
```

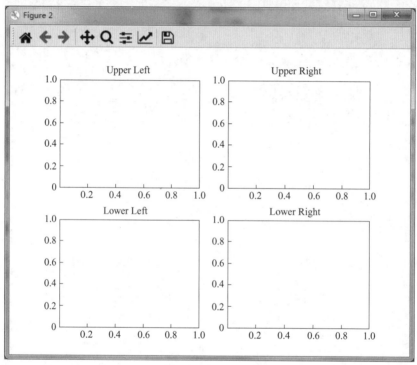

图 8-5　一次生成 Axes

　　fig 还是我们熟悉的画板，axes 成了常用二维数组的形式访问，这在循环绘图时格外好用。

8.4　任　　务

8.4.1　任务 1：使用 Matplotlib 画图

　　在 Matplotlib 中画图，和我们平时使用的绘图软件是不同的，它主要的用途是用来绘制图表，所以要给它提供 x 轴所有的数值以及 y 轴所有的数值；而这两个数值列表的数目要能够逐一配对，也就是一个 x 值要搭配一个 y 值。所以可以看作是：

$$X = \begin{bmatrix} x_1, & x_2, & x_3, & \cdots, & x_n \end{bmatrix}$$

$$Y = \begin{bmatrix} y_1, & y_2, & y_3, & \cdots, & x_n \end{bmatrix}$$

在"pt. plot(x, y)"之后，所有的 (x_1, y_1)，(x_2, y_2)，$\cdots$，(x_n, y_n) 这些点就会被一一地描绘在图表上。由于要绘制的数据不会只有一对，因此 x 及 y 均必须为存放着许多值的列表变量。程序 8-1 是一个绘制折线图的简单程序。

程序 8-1 如下：

```
import matplotlib. pyplot as pt
w = [1,3,4,5,9,11]
x = [1,3,4,5,6,6]
y = [20,30,14,67,42,12]
z = [12,33,43,22,34,20]
pt. plot(x,y,lw = 2,label = 'Maey')
pt. plot(w,z,lw = 2,label = 'Tom')
pt. xlabel('month')
pt. ylabel('dollars(million)')
pt. legend()
pt. title('program 13-1')
pt. show()
```

程序 8-1 的运行结果，如图 8-6 所示。

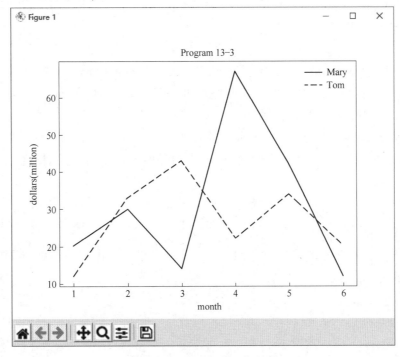

图 8-6　程序 8-1 的运行结果

在程序 8-1 中，除了指定两组数值列表之外，分别使用了两个 plot 绘出不同的两条线，Matplotlib 会自动设置不同的线条颜色；另外，使用 lw 参数来设置线条粗细，使用 label 参数来设置线条的名称。

至于图表本身的设置，则至少包括"xlabel"和"ylabel"分别设置了 x 轴和 y 轴的标签名称，以及"title"用来设置整张图表的上标题，最后调用 legend 给出图例，基本的功能大约就是这样。绘制图表最重要的除了呈现的方式之外，就是数据内容了。这些要呈现的数据内容当然不能"写死"在程序中，最好的方式就是存放在外部的数据源中，包括文件、数据库及网上的数据。数据库和网上的数据可以参考本书前面的内容用程序提取下来，后面将介绍如何加载数据文件，然后将其绘制成图表。

8.4.2　任务 2：利用县市名称与人口数生成柱形图

以相关部门发布的一些统计数据为例，读者可以前往相关网站找到自己感兴趣的内容下载使用。在此范例中，本项目以我国某省各县市人口的数据为例，将其以每一行一个"县市名称，人口数"为格式，存储在 popu. txt 中。为了节省显示的空间，县市名称的部分使用英文字母的缩写，具体形式如下：

NTP，397129

TP，2704974

TY，2108786

TC，2746112

TN，1885550

KS，2778729

YLC，458037

……

在程序中，先使用 open 的"readlines( )"把所有数据以每行一个数据的方式读入一个列表变量 popuJations 中，再将其拆解成两个列表变量 city 和 popu，分别存放城市名称以及相对应的人口数。由于 bar（直方图）的绘制需要两组数字，因此利用 NurnPy 中的 arange 函数来产生 city 的索引值列表，存放在 ind 中。除了绘制 bar（直方图）之外，也可以使用 xticks 把每一个图表的名称加在 x 轴，详细内容见程序 8-2。

程序 8-2 如下：

```
import matplotlib. pyplot as pt
import numpy as np


with open( 'popu. txt', 'r') as fp:
    populations = fp. readlines( )


city = list( )
```

```
popu = list( )

for p in populations：
    cc，pp = p. split( '，')
    city. append( cc)
    popu. append( int( pp) )

ind = np. arange( len( city) )
pt. bar( ind，popu)
pt. xticks( ind+0. 5，city)
pt. title( 'Program 13-2')
pt. show( )
```

程序 8-2 的运行结果如图 8-7 所示。

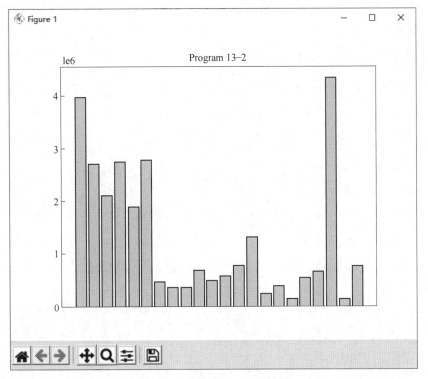

图 8-7　程序 8-2 的运行结果

8.4.3　任务 3：统计图的绘制

在本任务将以 1986~2015 年之间某地区出生人口数的统计数据为例，说明如何绘制各种常用的统计图表以及设置的细节 。本任务使用的数据格式见程序 8-3。

程序 8-3 如下：

```
1986 307363 159087 148276
1987 314245 163431 150814
1988 343208 178349 164859
……
2013 194939 101132 93807
2014 211399 109268 102131
2015 213093 110801 102292
```

这个数据文件名称为 yrborn. txt，总共有 4 个字段，以空白加以间隔。第一个字段是年份，第二个字段是总出生人口，第三个字段是男孩出生人数，第四个字段则是女孩的出生人数。

对于要使用的数据来说，第二个字段可以通过第三个和第四个字段计算得出，所以加载时把第二个字段舍弃不用。

在程序中以 readlines 加载，而使用"split( )"来分割字段，以下是加载数据文件所使用的程序片段：

```
with open( 'yrborn. txt', 'r') as fp：
populations = fp. readlines( )
```

把数据分割成便于使用的字典变量 yrborn，代码如下：

```
yrborn = dict( )
for p in populations：
    yr, tl, boy, girl = p. split( )
    yrborn[ yr] = | 'boy': int( boy), 'girl': int( girl) |
```

对于空白符号，"split( )"不需要设置任何参数即可使用。在程序中分别使用三个列表 bp、bp_ b、bp_ g 变量来记录总的出生人数、男孩的出生人数以及女孩的出生人数，代码如下：

```
bp = list( )
bp_b = list( )
bp_g = list( )
for yr in yrlist：
    boys = yrborn[ yr] [ 'boy']
    girls = yrborn[ yr] [ 'girl']
    bp. append( boys + girls)
    bp_b. append( boys)
    bp_g. append( girls)
```

另外，为了使用两个不同的表格来呈现，在程序中还使用了 subplot( ) 函数。这个函数传入的数值分别代表行数、列数以及接下来要使用的是哪一张表格。例如，"subplot(211) " 表示图表中将分为两行一列共两张图，并指定接下来要画的是第一张图（第三个参数），依此类推。以下是程序片段：

```
bp = list( )
bp_b = list( )
bp_g = list( )
for yr in yrlist：
        boys = yrborn[ yr ][ 'boy' ]
        girls = yrborn[ yr ][ 'girl' ]
        bp. append( boys + girls)
        bp_b. append( boys)
        bp_g. append( girls)
```

以上程序片段将出生人口总数画在第一张图（见图 8-8 上方），而男女比例则是画在第二张图（见图 8-8 下方）。完整的程序见程序 8-4。

程序 8-4 如下：

```
import matplotlib. pyplot as pt
import numpy as np

with open( 'yrborn. txt', 'r') as fp：
        populations = fp. readlines( )

yrborn = dict( )

for p in populations：
        yr,t1 ,boy,girl = p. split( )
        yrborn[ yr ] = { 'boy': int( boy) ,'girl':int( girl) }

ind = np. arange( len( yrborn) )
yrlist = sorted( list( yrborn. keys( ) ) )
bp = list( )
bp_b = list( )
bp_g = list( )
for yr in yrlist
```

```
        boys = yrborn[yr]['boy']
        girls = yrborn[yr]['girl']
        bp.append(boys + girls)
        bp_b.append(boys)
        bp_g.append(girls)

pt.subplot(211)
pt.plot(bp)
pt.xlim(0,len(bp)-1)
pt.title('1986-1998(Total)')
pt.subplot(212)
pt.plot(bp_b)
pt.plot(bp_g)
pt.xlim(0,len(bp_b)-1)
pt.title('1986 - 1998(Boy:Girl)')
pt.show()
```

程序 8-4 的运行结果如图 8-8 所示。

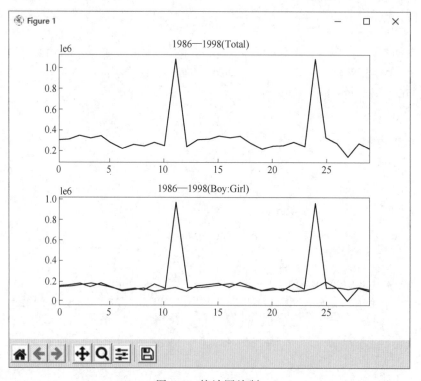

图 8-8   统计图绘制

如果打算把第二张图换成直方图，可以修改为程序 8-4。

程序 8-5 如下：

```
import matplotlib. pyplot as pt
import numpy as np

with open( 'yrborn. txt', 'r') as fp:
    populations = fp. readlines( )

yrborn = dict( )

for p in populations:
    yr, tl, boy, girl = p. split( )
    yrborn[ yr] = { 'boy':int( boy) , 'girl':int( girl) }

ind = np. arange( 1986 ,1999)
#ind = np. arange( len( yrborn) )
yrlist = sorted( list( yrborn. keys( ) ) )
bp = list( )
bp_b = list( )
bp_g = list( )
for yr in yrlist:
    boys = yrborn[ yr] [ 'boy']
    girls = yrborn[ yr] [ 'girl']
    bp. append( boys + girls)
    bp_b. append( boys)
    bp_g. append( girls)

width = 0. 35
pt. subplot( 211)
pt. plot( ind, bp)
#pt. xlim( 1986-1998)
pt. title( '1986-1998( Total) ')

pt. subplot( 212)
pt. bar( ind, bp_b, width, color = 'b')
```

```
pt. bar( ind+0. 35 , bp_g, width , color = 'r')
#pt. xlim( 1986-1998 )
pt. title( '1986-1998( Boy : Girl) ')
pt. show( )
```

在程序 8-5 中，使用"pt. bar( )"来绘出条状图。因为同一个数据项要绘制两个图形，一个是男孩的出生人数，另一个是女孩的出生人数，所以在输出时要指定条状图的宽度，同时也要在 x 轴的地方给定一个位移才行，代码如下：

```
pt. bar( ind+0. 35 , bp_g, width , color = 'r')
```

当然，也要指定不同的颜色才能够区分。Matplotli 使用一个字母的代码来表示颜色，r 是红色，b 是蓝色，依此类推。另外，对 pt. xlim 也做了改变，直接按数据的年度来标示，这样图表的内容看起来会更清楚。程序 8-5 的运行结果如图 8-9 中的直方图所示。

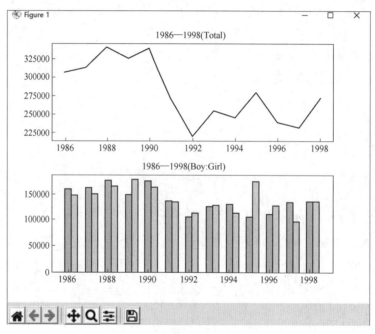

图 8-9　程序 8-5 的运行结果

（注：柱状图中，左侧柱为蓝色，右侧柱为红色。）

8.4.4　任务 4：数学函数图形的绘制

在 Matplotlib 中绘制数学函数图形，以及更加复杂的图形，都会搭配 NumPy 模块。其主要的原因除了 NumPy 使用更有效率的存储数据的方法之外，也提供了许多相当实用的方法可以使用，包括 sin 和 cos 函数等。

而在开始绘制函数图形之前，先说明 linespace 这个方法，它的用法如下：

```
import NumPy as np
x = np. linspace(0,1,10)
```

"np. linspace（0，1，10）"表示要产生一个数值从 0 开始到 1 结束的 10 个元素的数组，其结果如下：

```
>>> X
array([0.        , 0.11111111,  0.22222222,  0.33333333,  0.44444444,
0.55555556,  0.66666667,  0.77777778,  0.8888889,  1.        ])
```

此种方式非常便于使用者设置一个指定个数的数值列表，例如想要绘制 sin 函数图形，想要从 0 到 360（注意：在 NumPy 中使用的是弧度，所以应该是 2 到 2pi）描出 sin 函数图形，但是只要使用 20 个点，就可以使用 x = np. linspace（0，2 * np. pi，20）产生 20 个 0~2pi 之间的数值，然后再输入到"np. sin(x)"中即可，见程序 8-6 片段：

程序 8-6 片断如下：

```
import numpy as np
import matplotlib. pyplot as pt


x = np. linspace(0,2 * np. pi,20)
pt. plot(x,np. sin(x),'bo')
pt. show()
```

程序 8-6 片段执行的结果如图 8-10 所示。

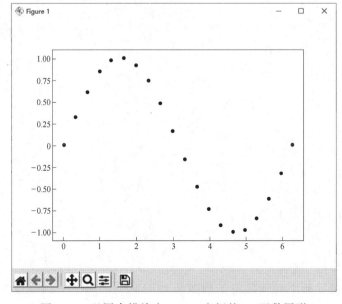

图 8-10　以图来描绘出 0~2pi 之间的 sin 函数图形

要想把图形加密一些，只要更改以下的语句即可，如图 8-11 是改为使用 100 点来描绘 sin 函数图形的显示结果。修改的程序如下：

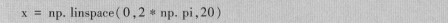

```
x = np. linspace(0,2 * np. pi,20)
```

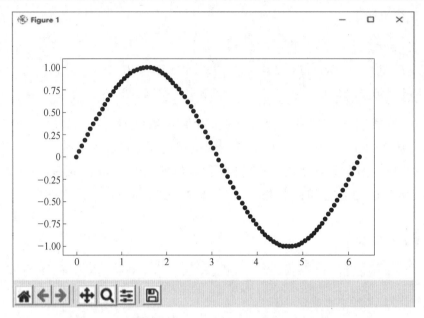

图 8-11　改为使用 100 点来描绘 sin 函数图形的显示结果

通过以上的概念，我们使用圆的三角函数就可以轻松地绘出正圆和椭圆，见程序 8-7。程序 8-7 如下：

```
import matplotlib. pyplot as pt
import numpy as np

degree = np. linspace(0,2 * np. pi,200)
x = np. cos(degree)
y = np. sin(degree)

pt. xlim(-1.5,1.5)
pt. ylim(-1.5,1.5)
pt. plot(x,y,'bo')
pt. plot(0.5 * x,1.5 * y,'ro')

pt. show()
```

程序 8-7 绘制了两个椭圆图形，如图 8-12 所示。

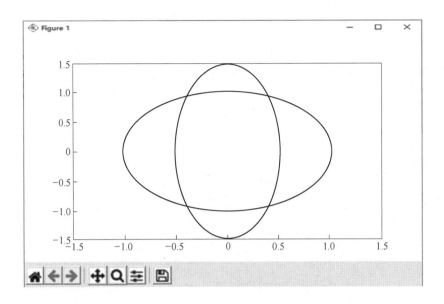

图 8-12　使用圆的方程式描绘出两个椭圆

依此方法，还可以绘出沙漏线及心脏线等，程序见 8-8。为了让图形比较平滑，在程序 8-8 中并不指定描绘点的形状（linestyle），Matplotlib 会自动帮我们把每一个点都连接起来。如图 8-13 是使用 Matplotlib 绘制的沙漏和心脏线函数图形。

程序 8-8 如下：

```
import matplotlib. pyplot as pt
import numpy as np


a = 1. 5
b = 1
degree = np. linspace(0,2 * np. pi,200)
x1 = a * (1 + np. cos(degree)) * np. cos(degree)
y1 = a * (1 + np. cos(degree)) * np. sin(degree)
x2 = a * np. sin(2 * degree)
y2 = a * np. sin(degree)


pt. xlim(-2,3. 5)
pt. ylim(-2. 5,2. 5)
pt. plot(x1,y1,color = 'red',lw = 2)
pt. plot(x2,y2,color = 'blue',lw = 2)
pt. show()
```

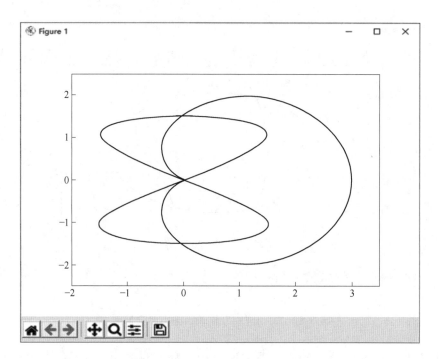

图 8-13　使用 Matplotlib 绘制的沙漏和心脏线函数图形

如果想要把这些图形存储起来，使用以下命令：

$$pt.\ savefig\ (\ "mypic.\ png"\ ,format = "\ png"\ ,dpi = 200\ )$$

使用上面的命令就会在当前目录下存储一个名为 mypic. png 的文件，并指定其 dpi（分辨率）为 200（屏幕的 dpi 一般都在 100 以下，而打印的文件需要分辨率足够大，一般都要在 300dpi 以上，打印机至少可以支持 600dpi 以上）。另外，此命令一定要在 "plt. show( )" 之前使用，执行 "plt. show( )" 之后，内存中图形的内容就会被清空了，所以再执行 "plt. show( )" 是存不到任何东西的。

因为篇幅的关系，其他的部分请读者自行参考相关书籍。

8.5　小结与拓展

Matplotlib 具有广泛的代码库，可能会使许多新用户望而却步。但是，大多数 matplotlib 可以通过相当简单的概念框架和一些重要知识来理解。

绘图需要在一系列级别上进行操作，从最普通的级别（例如，使此二维数组轮廓化）到最具体的级别（例如使该屏幕像素变为红色）。绘图程序包的目的是通过所有必要的控制来帮助用户尽可能轻松地可视化数据，大多数时间通过使用相对高级的命令，并且仍然能够使用较低级别的命令（如果需要）。

因此，Matplotlib 中的所有内容都是按层次结构组织的。层次结构的顶部是 Matplotlib "state-machine environment"，由 matplotlib. pyplot 模块提供。在此级别上，使用简单的功能将绘图元素（线、图像、文本等）添加到当前图形中的当前轴。

8.5.1　图像（Figure）

整个图控制所有子轴，少量"特殊"文字（标题、图例等）和画布。不必太担心画布，因为它实际上是绘制对象来获得绘图的对象，用户几乎看不见它。一个图形可以有任意数量的轴，但要使用，则至少应该有一个。

8.5.2　轴域（Axes）

这就是用户认为的"绘图"，它是具有数据空间的图像区域。一个给定的图形可以包含多个轴，但是一个给定的 Axes 对象只能位于一个图形中。轴包含两个（或三个 3D 轴）轴对象（注意：轴和轴之间的差异），这些对象负责数据限制（也可以通过"set_ xlim( )"和"set_ ylim"的 set 来控制轴）。每个轴都有一个标题（通过"set_ title( )"设置），一个 x 标签，通过"set_ xlabel( )"设置和一个 y 标签（通过"set_ ylabel( )"设置）。

8.5.3　轴（Axis）

这些是类似数字线的对象，它们负责设置图形限制，并生成刻度（轴上的标记）和刻度标签（标记刻度的字符串）。刻度的位置由 Locator 对象确定，刻度标签字符串由 Formatter 格式化，正确的定位器和格式化程序的组合可以很好地控制刻度位置和标签。"matplotlib. axes. Axes. tick_ params - Matplotlib 3. 1. 2 documentation"这些是类似数字线的对象。

8.5.4　绘图元件（Artist）

基本上，用户在图上看到的所有内容都是一个个绘图元件（甚至是图，轴和 Axis 对象），其中包括 Text 对象、Line2D 对象、集合对象、Patch 对象等。绘制图形时，所有绘图元件都被绘制到画布上。大多数绘图元件都被绑在一个固定轴域上，这样的绘图元件不能被多个轴共享，也不能从一个轴移动到另一个轴。

文字中，支持 TEX 格式的文本输入，格式：r'$ * * * $'等。

8.5.5　绘图输入参数

最好是 np. array 或 list 参数，其他的数据类型可以通过转换再输入。

8.5.6　绘图输出（Backend）

网站和邮件列表上的许多文档都提到"后端"，许多新用户对该术语感到困惑。

Matplotlib 针对许多不同的用例和输出格式，有些用户从 python shell 交互地使用 Matplotlib，并且在键入命令时弹出绘图窗口；有些用户运行 Jupyter 笔记本并绘制内联图以进行快速数据分析；其他用户则将 Matplotlib 嵌入到 wxpython 或 pygtk 等图形用户界面中，以构建丰富的应用程序；有些用户在批处理脚本中使用 Matplotlib 从数值模拟生成后记图像，还有一些用户运行 Web 应用程序服务器来动态提供图形。

为了支持所有这些用例，Matplotlib 可以针对不同的输出，这些功能中的每一个都称为后端。"前端"是用户面对的代码，即绘图代码，而"后端"则是幕后的所有艰苦工作以制作图形。后端有两种类型：用户界面后端（用于 pygtk，wxpython，tkinter，qt4 或 macosx，也称为"交互式后端"）和用于制作图像文件的硬拷贝后端（PNG，SVG，PDF，PS，也称为"非交互式后端"）。使用典型的 Matplotlib 安装（例如，从二进制安装程序或 linux 发行软件包安装），设置一个很好的默认后端，从而允许交互式工作和从脚本进行绘图，并输出到屏幕和/或文件，因此至少在一开始，用户不需要使用上面给出的任何方法。但是，如果用户要编写图形用户界面或 Web 应用程序服务器（如何在 Web 应用程序服务器中使用 Matplotlib），或者需要更好地了解正在发生的情况，请参考相关资料。为了使图形用户界面更具有可定制性，Matplotlib 将渲染器的概念（实际执行绘图的事物）与画布（绘图进行的地方）分开。用于用户界面的标准渲染器是 Agg，它使用 Anti-Grain Geometry C++ 库制作图形的栅格（像素）图像。除 macosx 之外的所有用户界面均可与 agg 渲染一起使用，例如 WXAgg、GTK3Agg、QT4Agg、QT5Agg、TkAgg。此外，某些用户界面还支持其他渲染引擎，例如，对于 GTK+3，用户还可以选择 Cairo 渲染（后端 GTK3Cairo）。

对于渲染引擎，还可以在矢量渲染器或栅格渲染器之间进行区分。矢量图形语言发出诸如"从此点到该点画一条线"之类的绘图命令，因此是无比例的，并且以光栅后端生成该线的像素表示，其精度取决于 dpi 设置。

8.5.7　运行速度

对于具有线段的图（例如，典型的线图、多边形的轮廓等），可以通过 Matplotlibrc 文件中的 "path. simplify" 和 "path. simplify_ threshold" 参数控制渲染性能 path. simplify 参数是一个布尔值，指示是否完全简化了线段。path. simplify_ threshold 参数控制简化的线段数量；阈值越高，渲染越快。

快速样式可用于将简化和分块参数自动设置为合理的设置，以加快绘制大量数据的速度。只需运行以下命令即可使用它：

```
import matplotlib. style as mplstyle
mplstyle. use( 'fast ')
```

8.5.8　pyplot

matplotlib. pyplot 是使 Matplotlib 像 MATLAB 一样工作的命令样式函数的集合。每个 pyplot 函数都会对图形进行一些更改。例如，创建图形，在图形中创建绘图区域，在绘图区域中绘制一些线条，用标签装饰绘图等。

在 matplotlib. pyplot 中，跨函数调用保留各种状态，以便控制当前图形和绘图区域之类的内容，并将绘图函数定向到当前轴域（注意：此处和大多数地方的"轴域"文档是指图形的轴部分，而不是多个轴的严格数学术语）。

8.6　思考与训练

（1）参考你所在城市一年内每天的气温值，编写一个程序可以绘出气温走势图以及气温比率饼图（温度值分段方式：小于等于 0℃，1～9℃，10～19℃，20～29℃，30～39℃，40℃以上）。

（2）参考程序 8-8，设计可以绘制任意二元一次函数图形的程序（$y = ax^2 + bx + c$，其中，b、c 由用户输入）。

项目 9 pillow 的安装与使用

9.1 项目描述

除了绘制图表之外，Python 在图像处理方面也有非常好用的模块，一些正规的图像处理算法都可以用这些模块（字符识别以及文字识别均可）。不过，对于大部分用户来说，不需要使用这么专业的功能，能够用来为图像文件放大或缩小，调整一下颜色大概就够在日常生活中使用了。本项目介绍如何用短短的几行程序代码实现图像文件的管理。

9.2 项目目标

（1）学习安装和使用 pillow。
（2）利用 pillow 读取图像文件的信息。
（3）简易批量图像文件处理。
（4）图像中英文文字处理与应用。
（5）学会为图像文件批量加入水印功能。

9.3 理论知识

9.3.1 pillow 简介

传统上在 Python 中要处理图像，第一"人选"就是 PIL（Python Imaging Library），但是由于该项目已经许久没有维护，也不支持 Pytbon3.*，因此如果没有特殊的版本，直接使用 pillow 即可。pillow 是一个 PIL 的分支，因此大部分在 PIL 上可以使用的方法，在 pillow 都可以使用。安装也很简单，只需要如下一行代码：

```
pip install pillow
```

想要使用其中的模块，例如用 Image 来处理图像文件，也只要使用以下方式来导入：

```
from PIL import Image
```

就这么简单，之后就可以使用了。假设要使用 Image 来打开一个图像文件，只需要使用如下程序片段：

```
from PIL import Image
im = Image.open('mypic.png')
im.show()
```

上面的三行程序代码就可以把在 8.4.3 节统计图的绘制中所存储的图像文件打开并显示在屏幕上。

9.3.2 读取图像文件的信息

使用 Image.open 打开了图像文件并存放在变量 im 中，下面就可以使用 im 来存取这张图像的相关数据了。表 9-1 是几个比较常用的图像数据属性。

表 9-1 常用图像数据属性表

属性名称	说　明
format	源文件所使用的格式
mode	图像模式，如 RGB 或 CMYK 等
size	以元组（width，height）返回图像的尺寸
width	图像的宽度
height	图像的高度
palette	图像使用的调色盘
info	以字典的类型返回图像的相关信息

可以通过 Python Shell 执行如下代码：

```
from PIL import Image
im = Image.open('mypic.png')
im.show()
```

表 9-1 中，size 以及 width 和 height 指的是像素（pixel），也是一般常用的单位。

9.3.3 简易图像文件处理

使用 Image 模块，通过其内建的一些方法，就可以对图像执行一些简单的操作。比较复杂且正式的图像处理方法（如图像锐化、高斯模糊等），则不在此处的讨论范围。除了 open 和 show 之外，表 9-2 整理出了几个比较常用的 Image 方法，其他的方法及正式的说明可参考官方网站的内容。

表 9-2　**Image 内建方法**

方法名称	说　　明
Close( )	关闭图像并释放占用的内存空间
convert	转换图像的单元格式，包括 1、L、P、RGB、RGBA、CMYK、YCbCr、LAB、HSV、I、F 等，其中 1 即为黑白图像，L 是 8 位的灰度图像
Copy( )	使用 im2 = im. copy( )，即可把 im 复制到 im2 中
crop(box)	box 是一个 4 个元素的元组类型，使用 im2 = im. crop((0 ,0,500,500))，即可把 im 这个图像的左上角（0，0，500，500）区域的图像裁切下来，放到 im2 中
getpixel(xy)	xy 是一个具有两个元素的元组类型，即为欲查询的（x，y）坐标，此方法会返回指定坐标像素的颜色值
Histogram( )	返回图像的直方图
offset (xoffset，yoffset)	调整图像左上角的位置
paste(im，box)	把另外一个图像 im 贴到当前这个图像中，方便用来制作图像文件的固定标志
resize(size)	重新把图像大小设置为 size 大小，size 为一个具有两个元素的元组 tuple 类型
rotate(angle)	把图像旋转 angle 度
save(fp，format)	以 format 格式来存储图像文件
r，g，b = im. split( )	把图像 im 分割成三个平面，不同的图像格式有不同的分割结果
thumbnail(size)	制作尺寸为 size 大小的缩略图
Verify( )	验证图形的数据内容是否正确

9.4　任　　务

9.4.1　任务 1：不同图像区块直方图比较

一般处理程序就是使用 open 把图像文件打开并加载到变量中，接着针对变量进行处理，处理的结果可以使用 show 显示在屏幕界面上；或者利用 save 存到文件中，不再操作时，则以 close 释放所占用的内存。

程序 9-1 为上述方法的简单应用，分别计算原图及其三个不同颜色平面、从原图中取出中间（600×600）大小的图像区块，利用 Matplotlib 绘图的功能，绘出其直方图比较这些图片中不同亮度的分布情况。

程序 9-1 如下：

```
import matplotlib. pyplot as pt

import numpy as np

from PIL import Image


sample = Image. open( 'sample. jpg')
```

```
im = sample. convert( 'L')
w , h = im. size

crop = im. crop( ( w/2-300 , h/2-300 , w/2+300 , h/2+300) )
crop_hist = crop. histogram( )

ori = sample. resize( ( 600 , 600) )
im = ori. convert( 'L')
hist = im. histogram( )

r , g , b = ori. split( )
r_hist = r. histogram( )
g_hist = g. histogram( )
b_hist = b. histogram( )

ind = np. arange( 0 , len( crop_hist) )
pt. plot( ind , crop_hist , color = 'cyan' , label = 'cropped')
pt. plot( ind , hist , color = 'black' , lw = 2 , label = 'original')
pt. plot( ind , r_hist , color = 'red' , label = 'Read Plane')
pt. plot( ind , g_hist , color = 'blue' , label = 'Blue Plane')
pt. xlim( 0 , 255)
pt. ylim( 0 , 8000)
pt. legend( )
pt. show( )
```

  程序 9-1 先把 sample. jpg 载入之后，利用 convert 把原图转换成灰度之后取出其原图的直方图。接下来使用 crop 裁切出中间（600×600）的部分另外统计，再利用 split 把原图的 RGB 三个原色平面分别取出，也取出其直方图。最后把这些直方图使用不同的颜色描绘在图上。图 9-1 是不同图像区块的直方图比较的程序执行结果。

  由于直方图的数字和图像的大小有关，而 crop 是裁切自原图，因此数量级并不一样。在计算原图的直方图时，利用 resize 把原图调整到和被裁切的图形一样大之后再绘制上去，呈现出来会比较直观。从图 9-1 绘制出来的结果看，裁切下来的部分高亮度的地方比较多，所以看起来比较亮一些。

9.4.2　任务 2：如何在图像上画一个圆和叉

  除了 Image 模块之外，常用的还有 Image Draw 以及 Image Font。通过 Image Draw

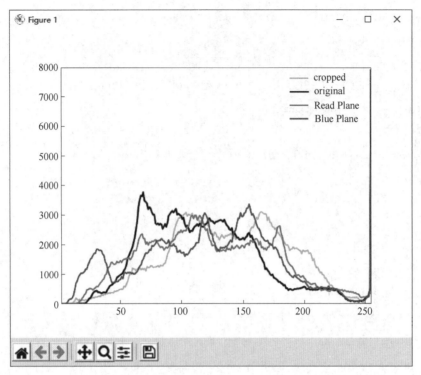

图 9-1　不同图像区块的直方图比较的程序运行结果

可以创建一个新的或者使用现有的用 Image 打开的图像，然后在其上进行绘图的操作，而 Image Font 则是创建一个可以使用的文字相关图像数据。接下来的程序则会示范如何使用 Image Draw 模块在图像文件中绘制图形，同时也在图形的正中央写入一段文字。Image Draw 的 Draw 系列方法（函数）基本上涵盖了所有绘图需要的方法，包括直线、圆形以及各种图形形状等，只要先使用以下的方式做好设置即可：

```
Im = Image. open( 'sample. jpg')
dw = ImageDraw. Draw( im)
```

　　一般所有在 dw 上进行的绘制工作都会在界面 im 上，也就是在之前加载的图像文件上，与在图像上绘图一样。常用的 Draw 绘图方法，见表 9-3。

表 9-3　常用 Draw 绘图方法

绘图工具	说　　明
chord（xy, start, end, fill, outlint；）	在 xy 坐标方框内绘制弦
ellipse（xy, fill, outline）	在 xy 坐标方框内绘制椭圆
line（xy, fill, width）	绘制直线
piesl ice（xy, start, end, fill, outline）	绘制扇形
point（xy, fill）	绘制一个点
polygon（xy, fill, outline）	绘制多边形

绘图工具	说　明
rectangle（xy，fill，outline）	绘制矩形
text（xy，text，fill，font）	写入文字
textsize（text，font）	设置文字大小

在表 9-3 中的 xy 有时是一个有两个元素的元组 tuple，有时则是有 4 个元素的元组，视该方法（函数）需要的坐标而定。例如，在 line 中，因为要有起始坐标和结束坐标，所以就必须要有 4 个元素。颜色的指定方式也有所不同，例如在 line 中要指定颜色使用的是 fill 参数，可以通过自 11 =（r，g，b）来设置 RGB 的颜色，而有些函数则是使用 color =（r，g，b）来设置。

假设要在图像上画一条（0，0）~（500，500）的黄色粗线，可以使用程序 9-2。

程序 9-2 如下：

```python
from PIL import Image, ImageDraw
im = Image. open( 'sample_s. jpg')
w, h = im. size
dw = ImageDraw. Draw( im)
dw. line( ( 0, 0, w, h), width = 20, fill = ( 255, 0, 0))
dw. line( ( w, 0, 0, h), width = 20, fill = ( 255, 0, 0))
dw. ellipse( ( 50, 50, w-50, h-50), outline = ( 255, 255, 0))
dw. text( ( 100, 100), 'This is a test image')
im. show( )
```

程序 9-2 示范了如何在图像上画一个红色的×，在中间的地方画一个圆，同时再写一行文字上去。

程序 9-2 的运行结果如图 9-2 所示。

9.4.3　任务 3：批量处理图像文件

有了上一个任务介绍的 Image、ImageDraw 及 ImageText 模块功能之后，在这个任务中就可以搭配 glob 取出所有的图像文件加以处理了。要做到批量调整图像文件的大小以及为图像文件加上各种商标、公司 Logo 或是中文字体，就非常容易了。

9.4.3.1　为照片加上专属标志以及批量调整照片尺寸

在网络上发表文章的作者应该都知道，图像的处理是其中重要的一环。主要的原因，除了避免自己辛苦的工作成果（摄影照片或手绘作品）被其他人恶意下载盗用之外，还有就是博客的不同版型可能需要不同的照片分辨率，只要上传适用的分辨率即可，既符合网页的编排，又可以避免上传过大的图像文件浪费主机上宝贵的空

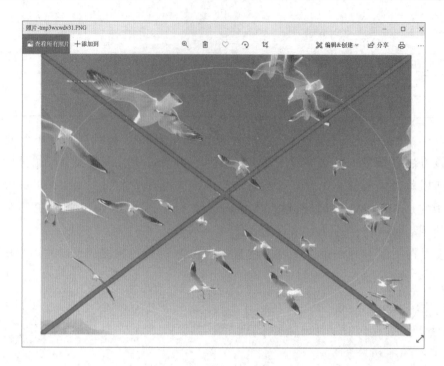

图 9-2　图像运行结果画叉画圆

间。因此，可以编写一个程序，只要给定一个目录，就会把该目录下所有的图像文件都找出来，在照片上加上自己设置的 Logo 和版权文字，同时调整到适当的大小，最后再存储在自定义的另外一个目录中，见程序 9-3。

程序 9-3 如下：

```
import sys,os,glob
from PIL import Image,ImageDraw


source_dir = '.'
target_dir = 'resized_photo'
image_width = 800
if len(sys.argv)>1:
    source_dir = sys.argv[1]


print('Processing:{}'.format(source_dir))


if not os.path.exists(source_dir):
    print("I can't find the specified directory.")
    exit(1)
```

```
#file_path1 = "E:\\python\\"
allfiles = glob. glob((source_dir+'/*. jpg') + glob. glob(source_dir+'*. png'))
if not os. path. exists(target_dir):
    os. mkdir(target_dir)


logo = Image. open('logo. png')
logo = logo. resize((150,150))
for target_image in allfiles：
    pathname,filename = os. path. split(target_image)
    print(filename)
    if filename[0] == '. ':continue # Only for Mac OS to skip hidden files
    im = Image. open(target_image)
    w,h = im. size
    im = im. resize((800,int(800/float(w) * h)))
    im. paste(logo,(0,0),logo)
    im. save(target_dir+'/'+filename)
    im. close()
```

在执行程序 9-3 之前，必须准备一张 logo. png 并放在和此程序同一个目录之下，最好是 . png 格式的透明背景的图像，如此放在目标照片中就不会有突兀的感觉了。执行程序 9-3 之后，会把指定目录下的所有 . jpg 和 . png 图像文件全部取出，然后逐一把图像的宽度设置为 800，高度则根据相对的比例进行调整，其代码如下：

```
im = Image. open(target_image)
w,h = im. size
im = im. resize((800,int(800/float(w) * h)))
```

对于 Mac OS 而言，所有的文件都会被以 "." 开头设置一个索引用的隐藏文件，这些文件会造成执行上的错误，所以我们使用如下代码避开这些文件：

```
pathname,filename = os. path. split(target_image)
print(filename)
if filename[0] == '. ':continue # Only for Mac OS to skip hidden files
```

如果计算机系统是 Windows，就可以删除上述程序片段的最后一行语句；而要把 logo. png 贴在目标图像上，则可以使用下列的语句：

```
im. paste(logo,(0,0),logo)
```

这一行指令把 logo（要事先打开）贴到 im 这个图像的左上角坐标（0，0）的位置上（也可以修改此坐标，放在右上角或左下角都行），而最后一个 mask 参数也是使用同一个 logo 图像，这样就可以让 logo 完美地和 im 贴合在一起，而不会出现黑边或白边。图 9-3 在图像左上角加入 logo 是其中一幅图像的运行结果。

图 9-3　在图像左上角加入 logo

配合 9.4.2 节中介绍的 ImageDraw，也可以轻松地把文字加在 logo 的左侧或下方，方法请看 9.4.3.2 节的说明。

9.4.3.2　中文字体的处理与应用

在 9.4.3.1 节中，使用 ImageDraw 的 text 简单地把文字放在图像文件的任一指定位置，由于没有使用任何的 ImageFont 设置文字格式，因此看到的是非常小且不美观的点阵英文字体。其实，只要拿到 TrueType 文件，ImageFont 就可以让我们把这些美观的文字取出使用，再往图像中置入文字时就会更加美观。

ImageFont 设置文字的代码如下：

```
from PIL import ImageFont
font = ImageFont. truetype( 'yourfontfile. ttf', fontsize)
```

在网络上有许多字体可以下载，用户可根据自己的需求下载使用。但是，在使用之前，还是要留意一下其版权上的问题。那中文字体呢？网络上也有免费的中文字体文件可以下载（使用搜索引擎去搜索"中文字体免费下载"即可看到许多可以下载的免费字体），无论是中文字体还是英文字体，均可下载到程序的目录供 ImageFont 使用。

如果是在 Windows 系统测试本任务的 Python 范例程序，也可以使用 Windows 系统自带的字体（一般放在系统盘的 \ Windows \ Fonts 文件夹中），只要把所需的字体文件复制到执行本任务的 Python 范例程序所在的文件夹下的 \ font \ 目录下就可以顺利运行本任务的范例程序。在本任务的范例程序中，对于英文、中文文字，分别使用 Windows 自带的这两种字体：timesbd . ttf（Times New Roman 粗体英文）和 simsun. ttc

（宋体常规简体中文）。

有了中文字体以及 ImageFont 和 ImageDraw.text，就可以很方便地把文字放在图像文件中。如果想要把文字刚好放在整张图的正中间，可以编写程序9-4。

程序9-4如下：

```
from PIL import Image, ImageDraw, ImageFont
text_msg = 'Hellow, world!'
im = Image.open('sample_s.jpg')
im_w, im_h = im.size
font = ImageFont.truetype('font/timesbd.ttf', 80)
dw = ImageDraw.Draw(im)
fn_w, fn_h = dw.textsize(text_msg, font=font)
x = im_w/2-fn_w/2
y = im_h/2-fn_h/2
dw.text((x+5, y+5), text_msg, font=font, fill=(25, 25, 25))
dw.text((x, y), text_msg, font=font, fill=(128, 255, 255))
im.show()
```

在上述的程序中，使 textsize 来计算使用 font 字体的字符串本身的宽度（fn_w）和高度（fn_h），然后再搭配之前获取的图像宽度（im_w）和高度（im_h），就可以通过以下式子把文字的位置设置到图像的正中间：

```
x = im_w/2-fn_w/2+5
y = im_h/2-fn_h/2+5
```

为了要让文字更加醒目，先把计算出来的位置往右下角各移动5个像素，以自 fill=（25，25，25）灰黑的深色贴上文字，然后再把位置移回之前计算出来的原位，再以想要显示的文字颜色（在此例为自 fill=（128，255，255））贴一次，就可以呈现出想要的效果了。程序运行后的图形如图9-4所示。

用户可以把上述程序的信息改为中文，当然使用的字体文件也要是中文的 TrueType 字体文件才行，在 Python 3 之下可以正确无误地执行。但是如果使用的是 Python 2，别忘了要把 text_msg 使用 Ullicode(text_msg, u'tf-8') 处理，见程序9-4的内容（程序9-5若要在 Python 3 下运行，则需要把所有的 unicode 语句都去掉）。程序9-5运行的结果如图9-5所示。

程序9-5如下：

```
from PIL import Image, ImageDraw, ImageFont


text_msg = '此为测试用的图像!'
```

```
im = Image. open( 'sample_s. jpg')
im_w, im_h = im. size
font = ImageFont. truetype( 'font/msyhbd. ttc', 80)
dw = ImageDraw. Draw( im)
fn_w, fn_h = dw. textsize( text_msg, font = font)
x = im_w/2-fn_w/2
y = im_h/2-fn_h/2
dw. text( ( x+5, y+5), text_msg, font = font, fill = ( 25, 25, 25) )
dw. text( ( x, y), text_msg, font = font, fill = ( 128, 255, 255) )
im. show( )
```

图 9-4　在图像中间加入英文

图 9-5　在图像中间加入中文

除了把文字贴在图像上之外，其实在许多场合也有把文字转成图像文件的需求，程序9-6可以输入一段中文，并指定要使用字体的大小以及颜色，然后就可以产生一个对应的具有透明背景的 .PNG 图像文件。

程序9-6如下：

```python
import os
from PIL import Image, ImageDraw, ImageFont

msg = input('请输入你要转换的文字：')
font_size = int(input('文字大小：'))
font_r = int(input('红色值：'))
forn_g = int(input('绝色值：'))
font_b = int(input('蓝色值：'))
filename = input('要存储的文件名：')
fill = (font_r, forn_g, font_b)

im0 = Image.new('RGBA', (1,1))
dw0 = ImageDraw.Draw(im0)
font = ImageFont.truetype('font/msyhbd.ttc', font_size)
fn_w, fn_h = dw0.textsize(msg, font=font)
im = Image.new('RGBA', (fn_w, fn_h), (255,0,0,0))
dw = ImageDraw.Draw(im)
dw.text((0,0), msg, font=font, fill=fill)
if os.path.exists(filename+'.png'):
    ans = input('此文件已存在,要覆盖吗？（y/n')
    if ans != 'y' and ans != 'Y':
        exit(1)
im.save(filename+'.png', 'PNG')
print('已写入文件：'+filename+'.png')
```

在程序中先以 Image.new 在内存中建立一个像素大小 1×1 的新的空白图像文件，并链接到 dw0 中以便用来计算用户输入的文字的真正宽"fn_w"和高"fn_h"，再以"fn_w"和"fn_h"创建实际用来贴上文字的图像文件，并在贴上之后加以存储，以下是此程序的执行过程：

请输入你要转换的文字：再来一次

文字大小：80

红色值：0

绝色值：222

蓝色值：222

要存储的文件名：booktitle

已写入文件：booktitle. png

程序的运行效果如图 9-6 所示。

再来一次

图 9-6　透明背景文字

此时写入的 booktitle. png 就是一个内容为"再来一次"的文本文件，文字本身为蓝色，其背景为透明。这样就便于运用在一些不支持中文字体的图像应用程序中，也可以拿来作为 logo 使用。

9. 4. 3. 3　为图像文件加入水印功能

在 9. 4. 3. 2 节创建新的图像文件的过程中并没有提及使用 RGBA 格式时的特色。RGBA 的模式对于每一个像素点的记录使用一个有 4 个元素的元组 tuple，分别是（r，g，b，a），其中"r"代表红色的颜色值，最小值是 0，最大值是 255，"g"代表绿色，"b"代表蓝色，这三个颜色值的组合即为显示出来的真正颜色。"a"是 alpha 值，是代表此颜色的透明程度，表示完全没有颜色，而 255 则表示不透明，颜色盖住整个背景。因此，只要选用适当的"a"值，就可以做到文字水印的效果。

在程序 9-6 中，从命令行参数中输入要被加上水印的图像文件，然后输入要加在图像上的水印文字内容，接着指定文字的大小。有了这些数值之后，按照前面介绍的方法，先准备好一张此文字的图像放在 im 中，而此文字是自 fill =（255，255，255，100）来设置其透明度的，通过文字大小的尺寸以及背景图像的尺寸计算出文字图像 im 要贴到背景图像"image_file"的左上角位置，最后以"image_file. paste（im，（x，y），im）"贴上即可。详细的内容见程序 9-7。程序 9-7 的运行效果是在图 9-7 的图像中间加上中文字水印。

程序 9-7 如下：

```
import os, sys
from PIL import Image, ImageDraw, ImageFont


if len( sys. argv) < 2：
```

```
        print("请指定要处理的图像文件!")
        exit(1)
filename = sys.argv[1]


msg = input('请输入要做水印的文字:')
font_size = int(input('文字大小:'))
fill = (255,255,255,100)


image_file = Image.open(filename)
im_w,im_h = image_file.size


im0 = Image.new('RGBA',(1,1))
dw0 = ImageDraw.Draw(im0)
font = ImageFont.truetype('font/font/simsun.ttc',font_size)
fn_w,fn_h = dw0.textsize(msg,font=font)
im = Image.new('RGBA',(fn_w,fn_h),(255,0,0,0))
dw = ImageDraw.Draw(im)
x = int(im_w/2 - fn_w/2)
y = int(im_h/2 - fn_h/2)
dw.text((0,0),msg,font=font,fill=fill)
image_file.paste(im,(x,y),im)
image_file.show()
filename,ext = filename.split('.')
if os.path.exists(filename+'_wm.png'):
        ans = input('此文件已存在,是否覆盖?(y/n)')
        if ans != 'y'and ans != 'Y':
                exit(1)


image_file.save(filename+'_wm.png','PNG')
print('已写入文件:'+filename+'_wm.png')
```

以下是程序执行的过程:

```
E:\>python test.py sample_s.jpg
```

请输入要做水印的文字: 浮水印测试
文字大小: 300

此文件已存在，是否覆盖？（y/n）y

已写入文件：sample_ s_ wm. png

图 9-7　在图像中间加上文字水印

利用此方式，就可以把任何中、英文字以水印的方式添加到图像的任意位置了，请动手试试吧。

9.5　小结与拓展

（1）使用方法 from PIL import Image 导入 PIL 库的 Image 方法。

（2）Image. open（）之后返回的 Image 对象，format 是格式，size 是大小。model 是种类，如（PNG），P 代表调色板，L 代表黑白图（灰度图），RGB 是正常图，应该有 RGBA。

（3）Image. save（）函数可以存储图片，函数原型如下：

　　img = Image. open（"xxxx"）

　　img. save（'yyy'，'jpeg'）

第二个参数是格式,如 PNG、JPEG 等,其他的可以去查文档。

（4）Filter 可以调用 img. filter 实现，比如模糊效果，PIL 的模糊需要处理 Mode 为 RGB，如果 mode 为 P，就会报错。

（5）Crop（裁剪可以调用）img. crop 实现，函数原型如下：

　　img. crop（（20,20,64,64））

需要注意的是，传入的是一个坐标的元组，分别是左上点和右下点，右下点的坐标一定要大于左上点，否则报错，Image 的模式是 P，调用裁剪是报错的，需要调用 convert 函数转成 RGB 模式。转换之后 mode 显示为 None 值。

（6）Image 的坐标是以左上角为（0，0）点。

（7）ImageDraw 的 draw 函数可以画图。

（8）可以调用 Matplotlib 的 plot 库显示图片，带坐标，由于直接调 img. show（），这种方法会直接调用系统显示图片的方法。

9.6　思考与训练

（1）修改程序 9-7，把文字水印改为加在图像文件的右下角位置。

（2）修改程序 9-7，除了加上文字之外，还要加上自定义 logo 图像文件。

（3）修改程序 9-7，使其可以指定一个目标文件夹，然后把该文件夹的所有图像文件都加上文字水印，并存储在本地的文件夹中。

参 考 文 献

［1］ AIS Weigart. Python 编程快速上手 ［M］. 北京：人民邮电出版社，2017.

［2］ 丁亮. 人工智能基础教程 python 篇 ［M］. 北京：清华大学出版社，2019.

［3］ Zend A. Shae. 笨办法学 python ［M］. 北京：人民邮电出版社，2014.

［4］ James Payne. python 入门经典 ［M］. 北京：清华大学出版社，2011.

［5］ 刘宇宙. python3.5 从零开始学 ［M］. 北京：清华大学出版社，2017.

［6］ Alex Martelli. python 技术手册 ［M］. 北京：人民邮电出版社，2010.

［7］ Tarek Ziade. python 高级编程 ［M］. 北京：人民邮电出版社，2010.

［8］ Magnus Lie Hetland. python 算法教程 ［M］. 北京：人民邮电出版社，2016.

［9］ 陈儒. python 源码剖析 ［M］. 北京：电子工业出版社，2008.

［10］ Clinton W. Brownley. python 数据分析基础 ［M］. 北京：人民邮电出版社，2017.

［11］ Igor Milovanovic. python 数据可视化编程实战 ［M］. 北京：人民邮电出版社，2015.